锦 瑟 Inlaid Zither

J   S

对称是伟大的，也是最完美的几何构型，耳可听，目可视，心可感。

对 称

[德] 赫尔曼·外尔 / 著

曾 怡 / 译

重庆出版集团 重庆出版社

图书在版编目（CIP）数据

对称 /（德）赫尔曼·外尔著；曾怡译. —重庆：
重庆出版社，2021.10（2024.5重印）
ISBN 978-7-229-15839-2

Ⅰ.①对…　Ⅱ.①赫…　②曾…　Ⅲ.①对称　Ⅳ.
①O342

中国版本图书馆CIP数据核字（2021）第099363号

对称
DUICHEN

〔德〕赫尔曼·外尔　著　曾　怡　译

策　划　人：刘太亨
责任编辑：张立武
责任校对：李小君
封面设计：日日新
版式设计：冯晨宇

 重庆出版集团
重庆出版社 出版

重庆市南岸区南滨路162号1幢　邮编：400061
重庆市国丰印务有限责任公司印刷
重庆出版集团图书发行有限公司发行
全国新华书店经销

开本：787mm×1092mm　1/32　印张：6.25　字数：110千
2022年4月第1版　2024年5月第2次印刷
ISBN 978-7-229-15839-2
定价：42.00元

如有印装质量问题，请向本集团图书发行有限公司调换：023-61520678

对称，是达到和谐与完美的终结密码，

在万物之中，有的已经展现，有的仍被深深地隐藏……

译者序

正如哥白尼所说，"宇宙里有一种奇妙的对称"，在观察自然和认识自然的过程中，人类逐渐发现对称的构型有一种圆满、和谐的美，于是便在生产活动和艺术活动中，凭着感性的冲动有意识地追求对称的效果。然而，人类对对称美学的系统研究和自觉遵循，则是受到20世纪著名的德国数学家和物理学家赫尔曼·外尔的影响。

1933年，赫尔曼·外尔登上美国华盛顿哲学会的讲台，以"对称"为题，讲解古今艺术、自然界和数学领域的对称性，自此，对称的奥秘终于被人类彻底破解并公之于众。1952年，赫尔曼·外尔将那次讲演整理成初稿，又补充了大量精美的艺术和生物图片，对无机自然界和生物世界乃至人类文化中的对称现象做了一次全面透彻的数学解读，然后将之出版发行。令赫尔曼·外尔感到意外的是，《对称》甫一问世，便被时人誉为"对称美学的一支天鹅曲""勘破对称美学之数理逻辑的圣经"。迄今为止，赫尔曼·外尔依然是最有资格谈论数理科学中对称性的人。

在我们的日常生活用语里，对称指的是事物的各个部分相互协调，构成一个整体。外尔把这个概念加以抽象化，从最简单的左右对称开始解析，步步深入到旋转对称、平移对称、全等、相似、正常旋转、反常旋转、循环群、二面体群等，为读者一窥对称的神秘意蕴和深层逻辑打开了一扇新的窗户。

对称是人类审美的基本原理。如果说世界是由上帝创造的，那么上帝在创造世界时，也遵循了对称的原理。因此，外尔才会在《对称》一书的结尾处，借用诗人安娜·威干姆的诗句发出感叹："上帝呵，你就是那至高无上的对称……"自古以来，人类就试图用对称的概念来理解和创造完美的秩序。从苏美尔拉加什古城的纹章图案到波斯的彩釉斯芬克斯，从古希腊波利克莱托斯的人体雕塑到意大利拉斐尔的宗教壁画，无不体现着对称的原理。

在有机自然界中，对称现象也是无处不在的，如鸢尾属植物花朵的三对称，还有更普遍的五对称。低等生命也展示旋转对称，如水母。在无机自然界中，雪花、冰花、晶体也展示着千姿百态的对称……

由于外尔的《对称》所涉及的专业知识较为广博，译者力求使本译本译文信实可靠和传神达意，确保读者在阅读时顺畅愉悦，因此参考了大量的相关书籍，借以参证核校，且在几经修订、润色之后，方才定稿。对于译文的信实与否，传神与否，还请读者诸君审阅并不吝赐教，对个中舛误和失当之处给予批评指正。

曾　怡

2021年3月19日

自　序

在本书辑录的四讲中，我从"对称等于各比例的和谐"这一有些模糊的概念着手，首先探讨了对称的几种形式，包括左右对称、平移对称、旋转对称、装饰对称和结晶对称等，其次拓展对称的几何概念，最后引出构成所有这些特殊形式之基础的一般概念，即元素构型在自同构变换群作用下的不变性。我的目的在于两个方面：一方面，展示对称原理在艺术领域以及自然界（包括无机界和有机界）的各种应用；另一方面，逐步阐明对称概念在哲学和数学中的意义。然而要达到后一个目的，我们必须正视对称性和相对性的概念与理论；但是实际上，书中大量的文本插图有助于实现前一个目的。

我希望本书的读者群体比治学的专家学者更为广泛。我并不回避数学（如果回避数学那将背离我们的目的），但也不会对大量数学问题（特别是完整的数学处理）进行过深过细的探讨，否则就超出了本书的探讨范围。1951年2月，我在普林斯顿大学的瓦尼克桑讲座（The Louis Clark Vanuxem Lectures）

上做了几次演讲，本书所编写的就是当时的演讲内容，只是稍微作了一些修改，另外还加了两个含有数字证明的附录。

这一领域的其他论著，如耶格（F. M. Jaeger）的经典著作《关于对称原理及其在自然科学中的应用》（*Lectures on the principle of symmetry and its applications in natural science*, Amsterdam and London, 1917），以及尼可勒（Jacquc Nicolle）最近编写的小册子《对称性及其应用》（*La symétrie et ses applications*, Paris, Albin Michel, 1950），虽然更为详尽，但是却只涉及有关对称的少部分内容。在达西·汤普森（D'Arcy Thompson）的大作《论生长与形式》（*On growth and form*, New edition, Cambridge, Engl, and New York, 1948）中，对称也不是主要问题。施派泽（Andreas Speiser）所著的《有限价群论》（*Theorie der Gruppen von endlicher Ordnung*, 3. Aufl. Berlin, 1937）以及他的其他著述，对这一课题也只是在美学和数学方面作了重要的概述。杰尹·汉比奇（Jay Hambidge）的《动态对称性》（*Dynamic symmetry*, Yale University Press, 1920）除了书名，其他内容与本书几乎没有任何共同之处。与本书的内容最为接近的，可能是德文期刊*Studium Generate* 1949年7月关于对称性主题的那一期（Vol. 2, pp. 203—278）。

在本书最后的致谢中，有一份完整的插图来源清单。

在此，我要向普林斯顿大学出版社及其编辑们表示衷心的感谢，感谢他们对这本小书付出的极大关怀，我也要感谢普林斯顿大学校方给予我机会，并让我在即将从高等研究院退休前，做这最后一次演讲。

赫尔曼·外尔
1951年12月于苏黎世

目 录

第一讲　左右对称

如果我没有弄错的话，"对称"这个词在我们日常用语中有两层含义：其一，"对称"是指非常匀称、非常协调；其二，"对称性"指由许多个部分构成的一个整体，具有和谐性。"美"与对称密切相关。因此，波利克里托斯（Polykleitos）曾使用过这个词。波利克里托斯写过一本关于比例的书，他的雕塑作品也完美和谐，赢得了众多与他同时代的艺术家的赞赏。丢勒（Dürer）效仿他，进一步制定了人体的比例标准[1]。

1 参见丢勒《人体比例研究》第四卷（1528年版）。确切地说，丢勒本人并没有使用"对称"这个词，而是在1532年，他的朋友乔基姆·卡梅拉留斯（Joachim Camerarius）经他授权，在将这部书翻译成拉丁语出版时，在《论部分对称》（*De symmetria partium*）书名中使用了这个词。波利克里托斯曾说："使用大量的数字几乎可以确保雕塑的准确性。" 也见于《埃及纪事》（*Chronique d'Egypte*，pp.63–66.），赫伯特·森克（Herbert Senk）的文章中。维特鲁威（Vitruvius）也说过："对称源于比例的匀称……比例的匀称是指各组成部分与整体的协调。"关于这方面更详尽的阐述，可看看现代数学家乔治·大卫·伯克霍夫（George David Birkhoff）所著的《审美标准》（*Aesthetic measure*）一书，以及他的演讲《审美的数学理论及其在诗歌和音乐中的应用》（*A mathematical theory of aesthetics and its applications to poetry and music*）。

从这个意义上看，"对称"的含义所涉及的绝不只局限于空间对象；它的同义词"和谐"，更多地应用于声学和音乐，而非几何学领域。德语中的"*Ebenmass*"一词与希腊语中的"对称"含义相近；因为两者都有"中庸"的意思，根据亚里士多德的《伦理学》（*Nicomachean Ethics*）的解释，中庸是一个有德行之人应该追求的行为准则，而盖伦在《气质论》（*De temperamentis*）一书中，则把中庸描述为与两端等距的心态：σύμμετρου ὅπερ ἑκατέρου τῶν ἄκρων ἀπέχει。

在今天，天平的形象自然地让我们联想到对称一词的第二种含义，即左右对称。这类对称在高等动物（尤其是人体）的结构中非常明显。现在这种左右双向对称是一个严格的几何概念，与之前讨论过的模糊的对称概念相反，它是一个绝对精确的概念。一个物体，即代表一个空间构型，如果它通过E的反射而成像为自身，那么它相对于平面E是对称的。取任意一条垂直于E的直线l及其上的任意一点p。那么l的另一侧有且仅有一点p'与E具有相等的距离。只有当p在E上时，p'才与p重合（图1-1）。对平面E的反射是空间对自身的映射，$S: p \to p'$，由此，任意点p相对于平面E形成了镜像p'。每当我们建立起使任意一个点p都与镜像p'相关联的规则时，我们就定义了一种

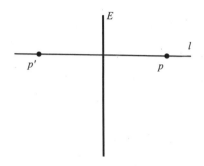

图 1-1　点 p 关于平面 E 的对称

映射。再举一例，比如，绕一个垂直轴旋转30°，将空间中的每个点 p 都变换到对应的点 p′，这也定义了一种映射。如果一个图形围绕 l 轴旋转后都变成自身，那么该图像围绕 l 轴就具有旋转对称性。因此，左右对称就成为了几何对称概念的第一个例子，它指的是诸如反射或旋转这样的操作。毕达哥拉斯学派认为，平面上的圆，空间中的球体，由于其有全部的旋转对称性，所以是最完美的几何图形；亚里士多德认为天体是球形的，因为其他任何形状都将不利于它们那天国般的完美。正是基于这一传统，一位现代诗人[1]才把神的存在称为"伟大的对称"：

> 在无形的虚空中，
>
> 我已度过所有虚无的岁月。
>
> 啊，伟大的对称之神！
>
> 我的热切欲望之源，
>
> 我的深切苦痛之泉，
>
> 唯你能赐予我完美之形！

对称，无论是从广义上还是从狭义上来定义，它一直都是人类试图理解和借以创造秩序、美及圆满的一种思想。

本次讲座所涉及的内容如下：首先，我将详细讨论左右对称及其在艺术、有机界和无机界中所扮演的角色。然后，沿前述旋转对称的例子所表明的方向，逐步说明这一概念，开始是在几何学范围内进行探讨，但我们很快会通过数学抽象的过程超越这一范围，并最终得出更具一般性的数学概念，即一个

---

1 安娜·威克姆（Anna Wickham），引自《沉思矿场》（*The contemplative quarry*，Harcourt，Brace and Co，1921）的跋。

隐藏在对称的特殊表象和应用之后的柏拉图（Plato）式的概念。在某种意义上，这是探讨所有理论知识的典型方式——我们从某些普遍但模糊的原理（对称的第一层含义上）开始，找到一个重要的事例。基于此事例，我们可以赋予这个概念以具体而准确的意义（左右对称），然后再将这个事例中的个性逐步上升至一般性。这个过程依据得更多的是数学构造和抽象，而非哲学的臆想。如果幸运的话，最终我们至少将得到一个与起初的概念相当的一般性概念。此时，这个概念的情感吸引力在很大程度上已经消失了，但它在思想领域却拥有同等甚至更强大的统一力量，且这种力量是精确的，而非模糊的。

我用这尊公元前4世纪的高贵的古希腊雕塑（图1-2）——一个祈祷的男孩，作为一个象征，来开启关于左右对称的讨论，让你感受这种类型的对称对生活和艺术所具有的重要意义。也许有人会问，对称的美学价值是否取决于它在生命中的价值——这位雕塑家是否发现了对称性是由自然按照某种内在的法则赋予其造物的，然后由他复制并完善了自然预置的那种未及完美的对称性？或者说，对称的美学价值具有其完全独立的根源？我认同柏拉图的观点，倾向于认为数学概念是上述两者的共同根源：支配自然的数学法则是自然界对称性的根源，

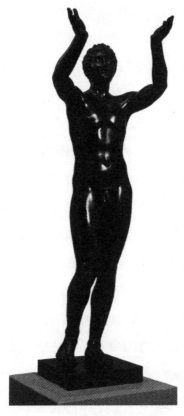

图 1-2　公元前4世纪的古希腊雕塑
《一个祈祷的男孩》

一位有创造性的艺术家对这一数学概念的直觉认知则是艺术对称性的艺术根源。不过即使如此，我也并不否认在艺术领域中人体在外表上所具有左右对称性的这一事实，它在一定程度上刺激了艺术家的对称意识。

在所有的古代民族中，苏美尔（Sumer）人似乎特别喜爱严格的左右双向对称，或者说喜爱纹章对称（heraldic symmetry）。公元前2700年，统治拉格什城（Lagash）的恩泰梅纳国王（King Entemcna）有一只著名的银花瓶，瓶上刻有十分独特的图案：一只狮头鹰迎面张开翅膀，双爪在侧面各抓住一只雄鹿，而这两只雄鹿又各自遭受一头狮子的正面攻击（图1-3，上图中的雄鹿在下图中被换成了山羊）。要使其他野兽也展现出狮头鹰的精确对称性，那就不得不迫使其重复出现。随后不久，这只狮头鹰就变成了双头鹰，头分别朝向左右两侧，于是，形式上的对称性原则彻底取代了忠于自然实态的模仿性原则。这种纹章图案随后传入波斯、叙利亚，而后又传入拜占庭，生活在第一次世界大战之前的任何一个人都会记得沙皇俄国和奥匈帝国军服上的双头鹰。

现在让我们来看看这幅苏美尔人的绘画（图1-4）。这两个鹰头人几乎是对称的，但又不完全对称，为什么呢？在平面

图1-3　恩泰梅纳国王所持花瓶上的图案

图1-4　苏美尔人的绘画

几何中，要实现关于一条垂直线 l 的反射，可将平面绕轴 l 在空间旋转180°。如果以这两个怪物的手臂为参照，你们可能会说，它们就是通过这一旋转由其中一个变成了另一个。但是，位于它们空间位置的那些重叠部分，却又使这幅平面图丧失了左右对称性。然而，为了追求对称性，艺术家让这两个怪物各自朝观察者旋转了半圈，并对怪物的脚和翅膀做了些调整：左图中是右翅低垂，而右图中是左翅低垂。

巴比伦圆柱形印章石上的图案通常采用纹章对称设计。我记得在以前的同事，已故的恩斯特·赫茨菲尔德（Ernst Herzfeld）的收藏品中，见过这种图案：图案上，为了表现对称性，侧面不再是神的两个头，而是两个呈水牛躯体形的下半身，因而不再是两条后腿，而是四条。在基督时代，人们可能会在某些描绘圣餐的场景中看到类似的情况，例如，在这个拜占庭风格的圣餐盘（图1-5）上，两个对称的基督正面朝向信徒。但是这里并不是完全对称的，其所蕴藏的涵义显然要比形式上的意义深奥得多，因为一边的基督在分面包，而另一边的基督则在倒酒。

除了苏美尔和拜占庭，让我们再来看看波斯——这些珐琅质的狮身人面像（图1-6）来自马拉松长跑全盛时期建于苏

图1-5 拜占庭风格的圣餐盘

图1-6 狮身人面像

图1-7　梯林斯古城的地板图案

萨（Susa）的大流士（Darius）宫殿。在公元前1200年左右，
也就是希腊青铜时代的晚期，越过爱琴海，我们在梯林斯
（Tiryns）古城中央大厅的地板上发现了这些图案（图1-7）。
如果你坚信历史具有延续性和依存性的话，那你就会发现海洋
生物（海豚和章鱼）的优美图案可以追溯至克里特岛的米诺斯
文明（Minoan culture），而纹章的对称性则受到了东方的影
响，正如上述例子中的苏美尔文明。跨越几千年，我们仍然可

图1-8 意大利圆顶建筑内的圣坛围栏饰板

图1-9 伊特鲁里亚人墓中的骑士图

以看到，这个公元11世纪的意大利托尔切洛（Torcello）圆顶建筑内的圣坛围栏饰板（图1-8）也受到了同样的影响：两只孔雀在缠满藤叶的竖井中饮水，在基督教中这种图案一直象征着永生，其结构上的对称性独具东方特色。

　　与东方艺术相比，西方艺术则像生活本身一样，倾向于缓和、放松，甚至打破了严格的对称性。但不对称并不等同于单纯的没有对称性。即使在不对称的图案中，人们依然会认为对称是一种标准，但是，当受到具有不均匀性质的力量的推动时，人们就会偏离这一标准。图1-9是来自科尔内托（Corneto）特里克利尼姆（Triclinium）的著名的伊特鲁里亚人墓中的骑士图。我认为这幅图就是一个很好的例子，类似于我在上文已经提到的两个基督在圣餐中一个在分面包，另一个在倒酒的那种表现手法。在西西里岛蒙雷阿莱（Monreale）大教堂中的那幅镶嵌图《基督升天》（Lord's Ascension，12世纪，图1-10）中，正中央由玛利亚及其两侧的守护天使所构成，其主图几乎是完美对称的（我们将在第二讲中讨论镶嵌图上方和下方的饰带）。在拉文纳（Ravenna）的圣阿波里奈尔（San Apollinare）教堂中有一幅更早期的镶嵌图（图1-11），其中，基督两侧各由一支天使仪仗队护卫着，这里并没有严

图1-10 《基督升天》镶嵌图

图1-11　圣阿波里奈尔教堂的早期镶嵌图

图1-12　圣马可教堂的拜占庭式浮雕圣像

格地遵守对称性原则。例如，在蒙雷阿莱大教堂的那幅镶嵌图中，玛利亚用妇女祈祷的姿势对称地抬起双手，但在这里，基督只抬起了右手。后一幅图（图1-12）是取自威尼斯圣马可（San Marco）教堂的一幅拜占庭式浮雕圣像，其不对称性更甚。这是一幅祈求基督的图像，当基督即将被宣布最后的审判时，两侧的圣者正在祈求上帝的宽恕，他们不可能是彼此的镜像；因为基督的右边站着圣母玛利亚，左边站着施洗者圣约翰。你们或许会联想到另一个对称性破缺的例子：当耶稣被钉死在十字架上时，玛利亚和福音传播者约翰分别站在十字架的两侧。

　　显然，我们在这里触碰到了问题的实质，左右双向对称性的精确几何概念从这里开始逐渐转变为匀称（Ausgewogenheit），也就是我们最初探讨的匀称图案所指的那种含混概念。达戈伯特·弗赖（Dagobert Frey）在一篇名为"艺术中的对称性问题"（On the Problem of Symmetry in Art）[1]的文章中写道："对称意味着静止和约束，不对称意味着运动和松散，前者讲究秩序和法则，后者却彰显任意和偶然，前者在形式上刻板而约束，

---

1 Studium Generale，p. 276.

后者却充满活力、自由而无拘无束。"上帝或基督无论在哪里都会被描绘成是永恒真理或正义的象征，他们的形象总是对称的正面图，而不是侧面图。也许是出于类似的原因，公共建筑和礼拜场所，无论是希腊神庙还是基督教的长方形教堂和大教堂，都是左右对称的。然而，哥特式大教堂却有两座不同的塔楼，例如沙特尔（Chartres）大教堂，这样不对称的情形的确并不少见。但实际上，所有这类建筑形成的原因似乎都与大教堂的历史有关，也就是说，这些塔楼是在不同时期建造的。后人不再对早期的设计感到满意也在情理之中；因此，我们可以称之为具有历史意义的不对称性。有镜面就会有镜像出现，无论是倒映风景的湖泊还是女人用的玻璃镜子，大自然与艺术家都会利用这个主题。这样的例子，我相信你们都能信手拈来。我最熟悉的一个例子是贺德勒（Hodler）所绘的《席尔瓦普拉纳湖》（*Lake of Silvaplana*），因为我每天都能在书房里看到。

从探讨艺术转而探讨自然界之前，我们再花几分钟，思考一下什么是"左和右的数学哲理"。对于具有科学性思维的人来说，左和右之间并没有诸如动物的雌性与雄性，前端与后端那种内在的差异和截然的对立。哪边是左哪边是右，需要通过人主观的选择才能确定。但是，一旦对一个物体作出了左和右的选择，其他所有物体也就随之确定了左和右。我得把这一点说得更清楚些。在空间上，左和右的区别关系到旋转的方向。如果向左转，这意味着你的旋转方向要结合你的身体从脚到头向上的方向，才能形成一个左螺旋。地球绕从南极至北极的轴所做的自转就是一个左螺旋，如果该轴的方向为自北极向南极，就会形成右螺旋。有一些被称为具有旋光性的结晶物质，会因射入其中的偏振光的偏振面而发生向左或向右的旋转，从而暴露了其内部结构的不对称性。当然，关于这一点，我们指的是，偏振面旋转的方向与光特定的传播方向相结合，会形成一个左螺旋或右螺旋（这视情况而定）。因此，我们在上文已经提到，现在再用莱布尼茨（Leibniz）的术语重申一次，左和右是"不可区分的"（indiscernible），我们想表达的是，空间的内部结构不允许我们将左螺旋和右螺旋区分开来，除非通过人主观的选择。

我希望再把这个基本概念讲得更精确一些，因为它是整个相对性理论的基础，而相对性理论只是对称性的另一个方面。根据欧几里得（Euclid）的理论，可以通过点与点之间的一系列基本关系来描述空间结构，例如，图1-13中

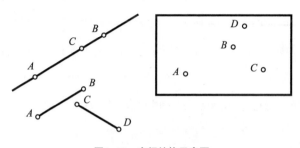

图1-13　空间结构示意图

A、B、C位于一条直线上，A、B、C、D位于一个平面中，那么AB与CD等长。描述空间结构的最好方法也许是亥姆霍兹（Helmholtz）所采用的单一的图形全等（congruence）概念。空间的映射S使其中的每一个点p都与另一个点p'相关：$p\rightarrow p'$。一对映射S，S'：$p\rightarrow p'$，$p'\rightarrow p$，其中一个映射是另一个映射的逆映射，所以如果S把p映射为p'，那么S'就会将p'逆映射回p，反之亦然，这种映射被称为一一对应的映射或变换（transformations）。数学家把保持空间结构的变换称为自同构（automorphism），如果我们用亥姆霍兹的方法来定义这个空间结构，那就意味着这种变换把任何两个全等的图形映射为了两个全等的图形。莱布尼茨认识到，这就是相似性（similarity）这一几何概念的思想基础。自同构将一个图形映射为另一个图形，用莱布尼茨的话说："如果单独考虑这两个图形，它们彼此是不可区分的。"因此，我们所说的左和右在本质上是相同的，就是指平面中的反射是一种自同构。

空间本来就属于几何学的研究范畴。但是空间也是所有物理现象发生的媒介。自然界的一般规律揭示了物理世界的结构。这些规律在公式中是用某些基本量来表述的，而这些基本量又是空间和时间的函数。如果这些规律在反射作用下并不是始终一成不变的，那么我们可以得出这样一个带比喻性的结论：空间的物理结构"包含一种螺旋"。恩斯特·马赫（Ernst Mach）讲述过他在童年时期得知了一件很不可思议的事：如果把一根磁针平行于一根导线，当电流以一定的方向作用于这根导线时（图1-14），磁针会沿着某个方向（向左或向右）发生偏转。由于整个几何和物理构型，包括电流和磁针的南北极，在外观上都与导线和磁针的平面E对称，所以磁针就应该

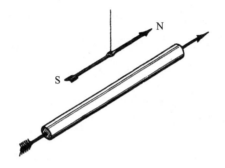

图1-14　电磁实验

像布里丹（Buridan）之驴[1]一样，无法决定该选择左边还是右边。就像等臂天平一样，当两端的重量相等时，天平既不会向左倾，也不会向右斜，而是保持水平；但表象有时是会骗人

---

1 这其实是一个以法国哲学家布里丹之名来命名的悖论。它指当一只完全理性的驴恰好处于两堆等量等质的干草之间将会被饿死，因为它无法对究竟该吃哪一堆干草作出任何理性的决定。

的。小马赫之所以会陷入困境，就是因为关于E的反射对电流和磁针的南北两极所产生的结果是他过于草率地做出的结论。虽然我们早已知道几何量在反射下的行为是怎样的，但我们却不得不从自然界去了解物理量的表现。我们所发现的是，在关于平面E的反射下，电流的方向会保持不变，但是南北极互换了。当然，这种方法之所以能够使左和右重新建立起等价性，仅仅是因为南北磁极在本质上是相同的。当人们发现磁针的磁性产生于围绕磁针方向环流的分子电流时，所有的疑问也就迎刃而解了；很明显，在关于平面E的反射下，这种电流改变了它们的流动方向。

最终的结论是，在所有的物理学中，毫无迹象表明左和右有内在的差异。正如空间中的所有点和所有方向都是等价的一样，左和右也是等价的。位置、方向、左右是相对的概念。莱布尼茨和牛顿的代言人克拉克（Clarke）牧师曾展开过一场著名的辩论，在辩论中他们详细地探讨了相对性这个问题，语言颇具神学色彩[1]。牛顿相信绝对空间和绝对时间，他认为，

1 见莱布尼茨（G. W. Leibniz）所著的《哲学著作集》[*Philosophische Schriften*，ed. Gerhart（Berlin，1875 seq，Ⅶ，pp.352-440）]，尤其是在第5节中莱布尼茨的第三封信。

运动证明了上帝是凭主观意志创造了世间万物，否则就无法解释为什么物质是朝这个方向，而不是朝其他方向运动的。莱布尼茨则并不愿将缺乏"充分理由"的决定归结为上帝，他说："假设空间本质上是某种物体，那么在不影响物体间的相对距离和相对位置的前提下，是无法解释上帝为什么把物体置于这个特定的位置，而不是其他的位置。例如，上帝为什么不把东和西颠倒一下，以相反的顺序来排列万物呢？另外，如果空间只不过是事物的空间顺序和空间关系，那么上述假设的两种状态，即实际状态和颠倒后的状态，就没有任何区别了……因此，要问为何一种状态更优于另一种状态，这是毫无意义的。"康德（Kant）通过思考左和右的问题，率先提出了空间和时间作为直觉形式的概念。[1]康德的观点大体是这样的：如果上帝最初的造物行为是创造一只左手，那么这只手，即使没有任何与之相对比的参照物，也具有"左"所与众不同的特征，这种特征只能凭直觉意会，而无法以概念的形式去理

---

1 见康德所著的《纯粹理性批判》（*Kritik der reinen Vernunft*），另外尤见于《任何一种能够作为科学出现的未来形而上学导论》（*the Prolegomena zu einer jeden künftigen Metaphysik*…）第13节。

解。莱布尼茨对此提出了反对意见："按照他的观点，上帝即使先创造出的是一只'右手'而不是'左手'，也没有任何区别。"当我们跟随世界的创造过程时，必须再领先一步，差异才会出现。如果上帝不是先创造一只左手，再创造一只右手，而是先创造一只右手，再创造另一只右手，这只手与第一个创造出来的手的方向是相同的，而不是相反的，那么改变创世计划的则是上帝的第二个行为，而不是第一个行为。

科学派更倾向于莱布尼茨的观点，而神学派总是持反对意见，他们认为右和左是善恶两极对立的象征。你们只需要想一下"right"这个词本身所具有的双重含义，原因便不言而喻了。图1-15是西斯廷教堂天花板上的著名天顶画《上帝创造亚当》[由米开朗基罗（Michelangelo）创作]中的一个细节。在画中，上帝从右边伸出右手，与亚当的左手相触，赋予亚当生命。

我们在握手的时候是用右手。sinister（凶险）在拉丁语中是"左"的意思，纹章学中仍然用sinister这个词来描述盾形纹章的左侧。但是sinistrum一词同时也指邪恶，在日常英语中，

图1-15　米开朗基罗创作的《上帝创造亚当》局部图

只有这个拉丁语仍保留了这一比喻含义。[1]与基督一起被钉死在十字架上的有两个囚犯，与他同去天堂的那个犯人在其右侧。《马太福音》（*St. Matthew*）在第25章中是这样描述最后的审判的："他要把绵羊置于其右侧，山羊置于其左侧。然后，国王要对右侧的人说，'蒙我天父恩赐，来继承这自创世以来即为汝等备好的王国吧……'接着，国王要对左侧的人说，'尔等一帮被咒诅的罪人，快远离我，跳进那为魔鬼及其使者所准备的永恒之火里去吧。'"

我记得海因里希·沃尔夫林（Heinrich Wölfflin）曾在苏黎世作过一次演讲，题目为"绘画中的右和左"（Right and Left in paintings），他于1941年出版的《艺术史沉思录》（*Gedanken zur Kunstgeschichte*）一书中收录了这篇演讲的精简版和另一篇文章《拉斐尔壁毯绘画中的倒置问题》[The Problem of Inversion（Umkehrung）in Raphael's Tapistry Cartoons]。沃尔夫林通过一些例子，诸如拉斐尔的《西斯廷

---

1 我并非没有意识到这样一个奇怪的事实：在罗马占卜学中，专业术语sinistrum（凶险、邪恶）的含义恰好与propitious（吉）相反。

圣母》（*Sistine Madonna*）以及伦勃朗（Rembrandt）的蚀刻风景画《三棵树》（*Landscape with the Three Trees*），试图证明绘画中右侧与左侧所渲染的气氛各不相同。实际上，所有临摹蚀刻版画的方法都是将左右进行交换，古代人似乎对这种倒置手法没有我们现在那么敏感——就连伦勃朗也毫不犹豫地将其倒置蚀刻的画作《基督落架图》（*Descent from the Cross*）投入市场。比起16世纪的人，我们读的书要多得多，这表明沃尔夫林所指出的差异可能与我们从左到右的阅读习惯有关。据我所知，他本人否定了这一点，同时，关于人们在他演讲结束后的讨论中提出了其他一些心理学方面的解释，他也予以了否定。在出版的演讲文稿最后，他是以如下论述结尾的：这个问题"显然有很深的根源，而这些根源触及感官本质的根本"。我个人并不愿意在这一点上过于纠结。[1]

---

1 亦见于安东·费斯陶尔（A. Faistauer）所著的 *Links und Rechts im Bilde*（Amicis, *Jahrbuch der Osterreichischen Galerie*, 1926, p.77）；斯诺赛尔（Julius V. Schlosser）所著的 *Intorno Alla Lettura dei Quadri*（*Critica* 28, 1930, p.72）；保罗·波普（Paul Oppé）所著的《拉斐尔绘画中的左右对称》（*Right and Left in Raphael's Cartoons*, *Journal of the Warburg and Courtauld Institutes* 7, 1944, p.82）。

即使接下来我们会提到一些左右不等价的生物学事实，但是在科学中，我们仍然坚持左右等价的观念，哪怕这些事实看起来比震惊少年马赫的磁针偏转现象更能表明左右的不等价性。过去与未来（通过颠倒时间的方向来进行互换），以及正电荷与负电荷，同样都存在着等价性问题。在这些情况下，尤其是第二种情况，相比左右等价的情况，先验证据可能更加不足以解决问题，因此必须借助经验事实。诚然，过去和未来在我们意识中所起的作用表明了它们的本质区别：过去是已知的且不可改变，未来是未知的且可以被现在所做的决定改变。人们期望从自然界的物理定律中找到这种区别的依据。但是，那些我们引以为荣的、合理确知的定律，在时间的反演下，就像它们在左右互换一样，都是恒定不变的。莱布尼茨清楚地认识到，表示时间进程的过去和未来指的是世界的因果结构。即使量子物理学上所表述的精确的"波动定律"在时间倒流的情况下不会发生改变，但是如果从概率和粒子的角度用统计学来解释这些定律的话，形而上的因果性概念以及时间的单向性就能纳入物理学的范畴。根据我们现有的物理知识，我们更加不确定正电荷和负电荷是否具有等价性或不等价性。看来，要想提出正负电荷具有本质区别的物理定律是很难的；此外，与带正电的质子相配对的负电粒子仍有待被发现。

这种半哲理性的论述虽然是题外话，但却是我们讨论自然界中左右对称性的基础，因此还是有必要的；我们必须知道，自然界的一般结构都是具有这种对称性的。但是我们不能期望自然界的任何特殊物体都能完美展示这种对称性。即便如此，对称性在自然界中普遍存在的程度还是非常令人吃惊的。这其中肯定有因可循，而且也并不难找：平衡状态可能是对称的。更准确地说，在那些确定了唯一的平衡状态的条件下，这些条件所具有的对称性必定会在该平衡状态中继续保留。因此，网球和恒星都是球体；地球如果不绕轴自转的话，也是一个球体。地球会因自转而在两极处变平，但其绕轴的旋转对称性或柱面对称性仍保持不变。因此，需要解释的特征不是地球在形状上的旋转对称性，而是它相对这种对称性所发生的偏离，这种偏离表现为陆地和水域的不规则分布，以及地球表面山脉的细微褶皱。因此，威廉·路德维希（Wilhelm Ludwig）在其有关动物学左右问题的专著中，几乎只字未提普遍存在于动物界棘皮动物以上的高等类群中的左右对称性的起源，而是非常详细地讨论了叠加在这些对称性基础上的各种次要的不

图1-16　哺乳动物的心脏示意图

对称性。[1]我在此引用他的一段话："人体与其他脊椎动物一样，其构造基本上遵循左右双向对称的原则。出现的所有不对称性都是次要的，而影响内脏器官的更重要的不对称性主要是

---

1 参见W. Ludwig, *Rechts-links-Problem im Tieneich und beim Menschen*, Berlin, 1932.

由于肠道表面积的必要增加，从而与身体的生长不成比例，这种增加导致肠道形成不对称的折叠和回旋。在种系的进化过程中，肠道系统及其附属器官最初发生的不对称性又引起其他器官系统也出现了不对称性。"众所周知，哺乳动物的心脏呈不对称的螺旋状，如图1-16所示。

如果自然界完全具有法则性，那么每一种现象都将具有相对性理论所定义的自然界普遍法则的完全对称性。但事实并非如此，光是这一点就已说明了偶然性（contingency）是自然界的一个基本特征。克拉克在与莱布尼茨的争论中承认后者符合充分理由原则，但同时补充道，充分理由往往只是上帝的意志。我认为，莱布尼茨在这一点上秉持唯理论（rationalist）肯定是错误的，而克拉克找对了方向。不过，完全否定充分理由原则，而非把世间所有不合理的事情都归咎于上帝。另一方面，莱布尼茨以其对相对性原则的远见卓识驳倒了牛顿和克拉克。我们今天所看到的事实是：即便我们承认通过自同构变换，即遵循自然界的普遍法则的变换，产生的两个世界被看作是同一个世界，自然法则也不能唯一决定这个实际存在着的世界。

对于一团物质来说，限制自然法则内在的全部对称性的仅仅是其所在的位置p的偶然性，那么该物质将以p点为对称中心，呈球形。因此，最低等的动物，也就是悬浮在水中的小生物，差不多都是球形的。附着在海底的生物，重力的方向是一个重要的因素，它们不再绕中心点p旋转对称，而是缩小成绕轴旋转对称。但是对于那些能够在水中、天空中或陆地上自主运动的动物来说，它们从后向前的运动方向和重力方向都具有决定性的影响作用。在确定了前后轴、背腹轴以及由此形成的左右轴之后，只有左和右的区别是任意的，并且在这个阶段不存在比左右对称更高级的对称。在系统发育进化过程中，容易造成左、右遗传差异，这种差异很可能会给诸如纤毛、肌肉和四肢等动物运动器官的左右对称结构产生的优势带来抑制：倘若这些器官出现不对称发育的情况，那么动物所产生的运动自然是呈螺旋状的，而不是直线向前的。这可能有助于解释为什么我们的四肢要比我们的内脏更严格地遵守对称性法则。关于球形如何过渡到左右对称这个问题，在柏拉图的《会饮篇》（*The Symposium*）中，阿里斯托芬（Aristophanes）讲述了另一个故事。他说，人类最初是呈球形的，其背部和两侧形成一个球面，但宙斯（Zeus）为了挫一挫人类的锐气和削弱人类的力量，就把他们切成了两半，命阿波罗（Apollo）把他们的脸和生殖器转到正面；宙斯威胁说："如果他们还继续放肆无礼，我将再次把他们剖开，让他们只能单足跳行。"

在无机世界中最能突出对称性的例子是晶体。气体和晶体是两种界限分明的物质状态，从物理学的角度来解释相对比较容易；而介于这两个极端状态之间的状态，如液态和可塑态，用理论来解释就比较困难了。对于气态来说，分子相互独立且在任意的位置以任意的速度在空间中自由运动。对于晶态来说，原子在平衡位置附近振动，就好像它们被橡皮筋系在上面一样。这些平衡位置在空间中形成了一个既固定又规则的构型。这里所说的"规则"，以及如何从规则的原子排列中推出晶体的可见对称性内容，将在后一讲中作出解释。在三十二种几何上可能的晶体对称结构中，大多数都包含左右对称，但也有例外。对于例外的情况，可能存在所谓的对映晶体（enantiomorph crystals），它以左旋形式和右旋形式存在，每一种形式都是另一种形式的镜像，就像左手和右手一样。具有旋光性的物质，是一种能使偏振光面向左或向右旋转的物质，可能正是以这种不对称的形式结晶。如果左旋形式存在于自然界中，人们会认为右旋形式也同样存在，而且两者出现的平均频率相等。1848年，巴斯德（Pasteur）发现，当非旋光性物质外消旋酒石酸铵钠盐（sodium ammonium salt）在较低温度下可从水溶液中重结晶时，结晶物是由两种互成镜像的微小晶体组成的。他小心翼翼地将这两种晶体中分离出来，并证明从这两种晶体中提取出来的酸具有与外消旋酒石酸相同的化学成分，但是其中一种酸具有左旋光性，而另一种酸具有右旋光性。他还发现后者与葡萄发酵时所产生的酒石酸完全相同，而对于前者，人们从未在自然界中发现过。"很少有一项科学发现能像这项发现那样具有如此深远的意义。"耶格（F. M. Jaeger）在他的演讲"关于对称原理及其在自然科学中的应用（On the principle of symmetry and its applications in natural science）"中如此说道。

很明显，一些难以控制的偶然因素决定了该溶液的某一处是形成左旋晶体还是右旋晶体；因此根据整个溶液的对称性和非旋光性，以及偶然性规律，在结晶过程的任何时刻，以左旋形式和右旋形式结晶的物质的量是相等或几乎相等的。另外，大自然赐予我们葡萄这一为诺亚（Noah）[1] 所喜爱的奇妙礼物，却只产生了具有右旋光性的酒石酸，另一种具有左

---

1 在希伯来语《圣经》中，诺亚被上帝拣选为灭世洪水之后的人类始祖，方舟的建造者。

旋光性的酒石酸则留给了巴斯德去发现。这确实很不可思议。事实上，自然界中所存在的大量含碳化合物大多都只具有一种旋光性，要么是左旋的，要么是右旋的。蜗牛壳螺旋的方向是其遗传机制中的一个可遗传的特征，就像人类种族（Homo sapiens）的"心脏偏左"和肠道回旋方向一样。这并不排除内脏倒置的情况，例如，人类肠道易位的发生概率约为0.02%；我们稍后再来讨论这个问题！此外，我们人体更深层的化学结构表明，人体也具有一种螺旋，我们每个人都有以相同方向旋转的螺旋。因此，人体含有右旋形式的葡萄糖和左旋形式的果糖。这种基因型的不对称性会表现为一种叫做苯丙酮尿症（Phenylketonuria）的可怕代谢性疾病，进而引发精神病。当这类病人从食物中摄入少量左旋苯丙氨酸时，身体就会发生痉挛，而摄入右旋苯丙氨酸则没有这种严重的影响。巴斯德之所以能成功地通过细菌、霉菌、酵母等的酶促作用分离出左旋形式和右旋形式的物质，正是因为生物活体具有不对称的化学构型。于是，他发现如果原本无旋光性的外消旋酒石酸盐溶液中生长着灰绿青霉（Penicillium glaucum）的话，该溶液会逐渐变成具有左旋光性。显然，灰绿青霉选择了最适合自身不对称化学结构的那种酒石酸分子形式作为营养物。生物体的这种特异性作用被人们形象地比喻成了锁和钥匙的关系。

基于以上事实，并且所有单纯依靠化学手段来"激活"非旋光性物质的尝试均以失败而告终[1]，那就可以理解，为什么巴斯德坚持认为产生唯一的旋光性化合物是生命体的特权了。1860年，巴斯德写道，"这也许是目前唯一能在死物质与活物质的化学成分之间画出的一条明确界线"。巴斯德试图解释他最初的那个实验，在实验中，由于中性溶液受到空气中细菌的作用，所以外消旋酒石酸通过重结晶转化成左旋酒石酸和右旋酒石酸的混合物。现在看来，他的解释肯定错了；准确的物理解释是：在较低的温度下，两种旋光性相反的酒石酸混合物比非旋光性的外消旋形式更稳定。如果生与死之间存在一个原则性区别的话，这种区别并不在于物质基质的化学成分；自从1828年维勒（Wöhler）单纯用无机物合成尿素以来，这一点已经相当明确了。但即使到了1898年，雅普（F. R. Japp）在英国科学促进协会上发表题为"立体化学和活力论"（Stereochemistry and Vitalism）的著名演讲中，仍然支持了巴斯德的

---

1 目前明确知道的一个例子是，当硝基肉桂酸与溴发生化学反应时，圆偏振光会产生一种具有旋光性的物质。

观点，只是在形式上有所修改。他说："只有有生命的有机体，或具有对称性概念的智慧生命体才能产生这种结果（即不对称化合物）。"莫非他的意思是指巴斯德通过智慧，设计实验，鬼使神差地创造了双旋光性酒石酸晶体？雅普继续说道，"只有非对称性才会导致不对称。"我不否认这种说法的真实性；但是这也没发生多大作用，因为在成就未来世界的现实世界中，过去和现在都是偶然的，它们在结构上并不具有对称性。

然而，实际的困难在于：对映形式如此之多，并且它们确实起源于有生命的有机体之中，那么自然界为什么只产生一对形式中的其中一种呢？帕斯库尔·约尔当（Pascual Jordan）借用以下事实佐证了他的观点：生命并不是在进化达到一定阶段后，就易于在各地连续发生的偶然事件中；而是起源于某一次偶然发生的不同寻常的特殊事件中，这种事件通过自我催化，成倍地增加而引发"雪崩"现象。事实上，如果在动植物体内所发现的不对称蛋白分子在不同时间和不同地点都有其独立的起源，那么它们的左旋体和右旋体所显示出的丰富程度应该几乎是相同的。这样看来，亚当和夏娃的故事似乎有点真实了，就算这不符合人类的起源，也是符合原始生命形式的起源。正是借鉴了这些生物学事实，我才会在前面说：如果从表面价值来看，至少从有机世界的构成来说，它们暗示了左和右之间具有一个内在的差异。但是我们可以肯定的是，我们这个问题的答案不在于任何普适的生物学定律，而在于生物世界起源的一些偶然事件。帕斯库尔·约尔当提出了一种解答，但是人们希望找到另一种不那么彻底的解答，例如，地球上的栖息者具有不对称性，是因为某种偶然的，但却是地球本身所固有的不对称性造成的，或者是因为地球接收到的不对称性太阳光所造成的。但是，无论是地球的自转还是地球和太阳的合成磁场，都无法给这一点带来直接的帮助。另一种可能性是：发展实际上起源于各对映体的平衡分布，但这种平衡并不稳定，一旦出现偶然的轻微扰动，这种平衡就会被打破。

关于左和右的种系发生问题（phylogenetic problems）就讲到这里，最后我们来谈一谈它们的个体发育（onto-genesis）。这就出现了两个问题：第一，动物受精卵在第一次分裂成两个细胞的时候是否就已经确定了正中面（median plane），于是其中一个细胞具有发育成身体左半部分的潜力，而另一个细胞则具有发育成身体右半部分的潜力？第二，第一次分裂的正中面是由什么因素决定的？我先从第二个问题来展开讨论。原生动物门以上级别的任何动物的卵细胞一开始就有一根极轴，它连接着发育成囊胚的动物极和植物极。这根极轴和卵细胞上的精子穿入位点共同确定了一个平面，这自然就被认为是第一次分裂的平面。事实上，有证据表明，在许多情况下都是如此。目前的观点似乎倾向于认为，之所以会出现初始极性和随后的左右对称性，是因为外界因素激活了遗传结构中固有的潜在可能性。在许多情况下，极轴的方向显然是由卵巢壁上卵母细胞的附着方式来决定的，而卵细胞上的精子穿入位点，正如我们前面提到的，至少是确定正中面的众多因素之一，而且往往是最具决定性的一个因素。但是对于这部分或另一部分的方向的确定还可能受到其他因素的影响。对于墨角藻类海藻，光、电场或化学梯度决定了细胞的极轴，而一些昆虫和头足纲动物，正中面似乎在受精之前就由卵巢的影响确定了。[1]一些生

---

1 赫胥黎（Julian S. Huxley）和德比尔（G. R. de Beer）在他们的经典著作《胚胎学基础》[《*Elements of Embryology*，Cambridge University Press，1934）第14章，总结，第438页]中阐述道："卵子在最初阶段具有统一的梯度场式结构，在该结构中，一种或多种数量差沿着一个或多个方向扩散至整个卵子。卵子的构造决定了它能够产生一个特定类型的梯度场；然而，梯度的位置并非预先设定的，而是受卵子外部因素的作用而产生的。"

物学家尝试从一种我们至今尚未弄清楚的、预先形成的基本内部结构中，寻找这些因素得以产生作用的根本结构。因此，康克林（Conklin）提出了海绵质框架，其他学者则认为这种根本结构是细胞骨架。由于生物化学家目前都强烈地倾向于将结构性质归结为纤维，以至于乔瑟芬·李约瑟（Joseph Needham）在1936年所做的题为"秩序与生命"（Order and Life）的特里讲座中大胆说出了这样一句格言：生物学主要是研究纤维，人们可以期望发现，卵子的基本结构是由细长的蛋白质分子或液态晶体构成。

我们了解更多的是第一个问题，即细胞是否在第一次有丝分裂的时候就被分成了左右两部分。由于左右对称的基本特性，这种假设似乎很合理。然而，我们不能毫无根据地对这个答案妄下断言。即便这一假设符合有体机正常发育的情况，但是我们从汉斯·德里施（Hans Driesch）首次对海胆进行的实验中了解到，单个卵裂球在双细胞阶段与同伴细胞发生分离的时候，会发育成一个完整的原肠胚，只是在形态上比正常的更小。图1-17就是几幅著名的德里施海胆实验图。我们必须承认，并非所有物种都是如此。根据德里施的发现，我们认识到，卵细胞各部分的实际命运与潜在命运是存在区别的。德里

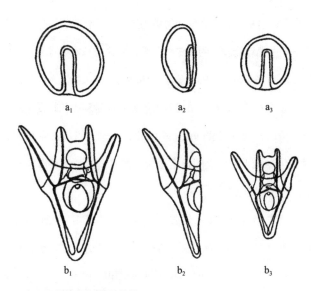

a_1 a_2 a_3

b_1 b_2 b_3

a_1和b_1：正常发育的囊胚和幼体
a_2和b_2：半囊胚和杜里舒所期望的半幼体
a_3和b_3：实际得到的完整的小囊胚和小幼体

图1-17　德里施海胆实验图

施本人将此称为预定意义（prospektive bedeutung），而不是预定潜能（prospektive potenz）；后者的涵义比前者更广，但在发育的过程中，后者就变得更为狭义了。让我们用另一个例子——两栖动物肢芽的确定——来说明这个基本要点。在哈里森（R. G. Harrison）的实验中，他移植了未来会发育成肢的那个芽体的外壁盘，当移植仍然可能使背腹轴和中侧轴发生颠倒时，前后轴就已经被确定了；因此，在这一阶段，左和右的对立仍然属于外壁盘的预定潜能，并且要实现这种潜能有赖于周围组织的影响。

德里施对正常发育的强烈干扰，证明了第一次细胞分裂可能不会永久地固定在正在发育的生物体的左和右。但即使在正常发育中，由第一次分裂产生的平面也可能不是正中面。人们对马副蛔虫（Ascaris megalocephala）的细胞分裂的最初阶段进行了详细研究，其部分神经系统是不对称的。首先，受精卵分裂成一个细胞I和另一个性质明显不同的更小的细胞P。在下一阶段，这两个细胞沿着两个相互垂直的平面分别分裂成$I'+I''$和P_1+P_2。然后柄状分裂球P_1+P_2发生扭转，于是P_2就与I'或I''相接触。我们把I'和I''中与P_2相接触的那个细胞标记为B，另一个标记为A，现在就得到了一种类似于菱形的结构。大致

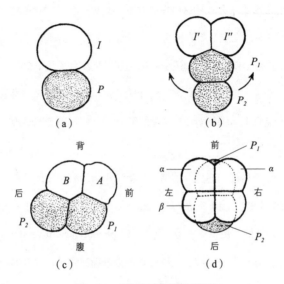

图1-18 马副蛔虫细胞分裂图

说来，AP_2就是前后轴，BP_1是背腹轴（图1–18）。只是下一次分裂才能决定左和右，即沿着A和B的分离面的垂直面，将A和B都分裂成对称的两半$A=a+\alpha$，$B=b+\beta$。这一构型再有些微小的改变就会破坏这种左右对称。这就引出了一个问题：关于连续两次发生方向的转变，先确定了前后，再确定了左右，这到底是个偶然事件，还是卵细胞在其单细胞阶段的结构中已经包含了决定这些方向发生转变的特殊动因。支持第二种假设的镶嵌卵（mosaic egg）假说似乎更符合蛔虫属（Ascaris）的发育。

在许多已知的基因型倒置（genotypical inversion）情况中，两个物种的基因所构成的关系好比两个对映晶体的原子构成的关系。然而，更常见的是表型倒置（phenotypical inversion）。比如，有些人是左撇子。我再举个更有趣的例子，甲壳纲中有几种大螯虾类，生有两个一大（A）一小（a）、形态和功能各不相同的螯足。假设在这个物种正常发育的个体中，A是右螯。如果切除幼体动物的右螯，就会发生反向再生（inversive regeneration）：左螯会发育成较大的A形态，而右螯的位置则会重新长出一只a形态的小螯。从这种或类似的情况中可以推断出，原生质具有双重潜能（bipotentiality），也就是说，所有包含不对称性潜能的生殖组织都具有产生两种形态的潜力，然而，在正常发育过程中，总是只发育一种形态，或左或右。具体发育的是哪一种形态取决于基因，但是异常的外界环境可能会引发倒置。在反向再生这一奇怪现象的基础上，威廉·路德维希提出了这样一个假设：不对称性的决定性因素可能不是诸如"A型右螯"发育的那种特定潜能（specific potencies），而是两种以某种梯度分布在生物体中的R和L（右和左）这两种动因，其中一种的浓度从右向左逐渐降低，而另一种的浓度则沿相反的方向逐渐降低。关键点在于，不是只有一个梯度场，而是有两个相反的梯度场R和L。哪一个会以更大的强度来产生取决于基因构成。然而，如果占支配地位的动因遭到破坏，另一个先前被抑制的动因就会占据优势，从而发生倒置。我作为一名数学家而非生物学家，非常严谨地讨论了上述这些在我看来具有高度假设性的问题。而且可以得到明显的结论：左和右的对立与生物体的种系发生和个体发育方面最深层次的问题有关。

第二讲　平移、旋转与相关的对称性

接下来我们把话题转向其他类型的几何对称。我在讨论左右对称的时候，也不时地引入了其他对称，如柱对称和球对称。我们最好先准确地定义好最基本的概念，这会涉及一些数学知识，还望各位读者朋友少安毋躁。我在上一讲中提到过变换。空间映射 S 使空间中的每一个 p 点与其镜像 p' 点相对映。在这类映射中，恒等映射 I 是一种特殊情况，它把每个 p 点都映射为其自身。给定两个映射 S、T，依次进行映射：如果 S 把 p 映射为 p'，T 把 p' 映射为 p''，那么它们的复合映射我们用 ST 表示，将 p 映射为 p''。映射 S 可能有一个逆映射 S'，使得 $SS'=I$ 且 $S'S=I$；换言之，如果 S 将任意 p 点映射为 p'，那么 S' 则将 p' 映射回 p，如果先进行 S' 映射，再进行 S 映射，产生的结果相同。对于这种一一对应的映射 S，在第一讲中我们称之为"变换"；现在我们用 S^{-1} 来表示其逆映射，当然，恒等映射 I 是一个变换，而 I 本身也是其自身的逆映射。平面反射是左右对称的基本操作，其迭代 SS 会产生恒等映射；换句话说，平面反射就是其自身的逆映射。一般而言，几个映射的复合

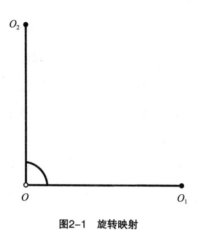

图2-1 旋转映射

是不可以交换次序的，ST 与 TS 未必相同。例如，平面上取一点 O，令 S 在水平方向上平移，它将 O 点映射为 O_1，T 为绕 O 点的一个90° 旋转。那么 ST 将 O 点移动至 O_2（图2-1），而 TS 将 O 移动至 O_1。如果 S 是一个变换，其逆变换为 S^{-1}，那么 S^{-1} 也是一个变换，其逆变换为 S。两个变换的复合 ST 也是一个变换，且（ST）$^{-1}$ 等于 $T^{-1}S^{-1}$（依此次序！）。这个数学表达式或许你不熟悉，但这个规则你应该是非常熟悉的。你在穿衣服的时候，按照怎样的顺序进行穿戴还是挺重要的——你会先穿衬衫，再穿外套；而在脱衣服的时候，你会按照相反的顺序进行——首先脱下外套，然后脱下衬衫。

此前我还谈到过几何学家称之为相似变换的一种特殊的空间变换。但是我更喜欢称其为自同构，与莱布尼茨一样，我把它们定义为保持空间结构不变的变换。就目前而言，这种结构由什么组成并不重要。仅从这个定义我们可以清楚地看出，恒等变换I是一个自同构，如果S是自同构，那么其逆变换S^{-1}也是自同构。此外，两个自同构S、T的复合ST也是自同构。换言之：（1）每一个图形都与其自身相似；（2）如果图形F'与F相似，那么F与F'也相似；（3）如果F与F'相似，且F'与F''相似，那么F与F''也相似。数学家们把这种情况描述为"群"（group），也就是说，自同构形成了一个群。只要满足下列条件，任何变换的总体，即任何的变换集合Γ就会构成一个群：（1）恒等变换I属于集合Γ；（2）如果S属于集合Γ，那么其逆变换S^{-1}也属于集合Γ；（3）如果S和T均属于集合Γ，那么其复合ST也属于集合Γ。

牛顿（Newton）和亥姆霍兹都喜欢用全等（congruence）

的概念来描述空间结构。空间的全等部分V和V'为同一刚体在空间中不同的位置所占据的那两部分空间。如果你让该刚体从一个位置运动到另一个位置，那么该刚体中覆盖V上的一点p处的质点在运动后将覆盖V'上的某个p'点，那么这一运动最终创建了从V到V'上的映射$p \to p'$。我们可以通过想象或者真实地对这个刚体进行扩展，以覆盖空间中的任一给定点p，从而使得全等映射$p \to p'$可以扩展到整个空间。任何这样的全等变换（congruent transformation）都是相似变换或自同构，之所以将其称之为全等变换，是因为它明显构成了一个逆映射$p' \to p$。读者自己也很清楚，这一点是基于上述的一些概念而得出的。而且很明显，全等变换构成了一个群，即自同构群的一个子群。更具体地说是这样的：相似变换中有一些不会改变物体大小的变换，我们现在就把这类变换称为全等。全等要么是真（proper）全等，即把一个左螺旋变换成左螺旋，把一个右螺旋变换成右螺旋，要么是非真（improper）全等，或者反射（reflexive），即把一个左螺旋变换成右螺旋，反之亦然。真全等是指那些我们刚才称之为全等变换的变换，它们把刚体在运动前的位置和运动后的位置上的质点关联起来。根据非运动学的几何意义，我们现在简单地将其称为运动。同时，根据最

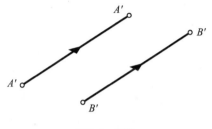

图2-2 平移

重要的例子——平面反射，即一个物体经平面反射形成自身镜像，我们将非真全等称为反射（reflections）。于是，我们得出了按以下序列排列的等式：相似变换→全等变换＝无大小变化的相似变换→移动＝真全等。全等变换构成相似变换群的子群，运动又构成了全等变换群一个指数为2的子群。指数2的运算是指，如果B是一个任意给定的非真全等，那么我们通过将B与所有可能的真全等S复合成BS，即可获得所有的非真全等。于是，真全等构成了整个全等群的一半，而非真全等构成了另一半。但只有前一半才是一个群，因为两个非真全等A、B的复合AB是一个真全等。

保持O点固定不变的全等被称为围绕O点的旋转（rotation）；因此就存在真旋转和非真旋转。围绕一个给定中心O的所有旋转构成一个群。最简单的全等是平移（translations）。一个平移可以用一个向量$\overrightarrow{AA'}$来表示，如果平移将A点移至A'点，将B点移至B'点，那么BB'与AA'的方向和长度相同，换言之，向量$\overrightarrow{BB'} = \overrightarrow{AA'}$。[1]（图2-2）所有的平移构成了一个群，事实上，连续进行两次平移$\overrightarrow{AB'}$、$\overrightarrow{BC'}$，就会得到平移$\overrightarrow{AC'}$。

这些与对称性有什么关联呢？它们为定义对称性提供了充分的数学语言。给定一个空间构型$\mathfrak{F}$，使$\mathfrak{F}$通过保持不变的空间自同构构成一个群Γ，并且群Γ精确地描述了$\mathfrak{F}$所具有的对称性。空间本身具有对应于所有自同构和所有相似物体所

---

1 线段只有长度，但是向量既有长度又有方向。尽管向量和平移的用词不同，但向量实质上就是平移。关于平移a把A点变换至A'点，我们还可以表达为：向量$a = \overrightarrow{AA'}$；可以说成是：A'是以A为起点的向量a的终点。如果把A点变换至A'点的平移是将B点变换为B'点，那么可以说成是：相同的向量以B为起点，以B'为终点。

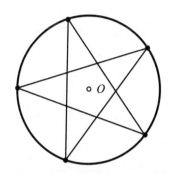

图2-3 浮士德用以驱逐梅菲斯特的五角星

构成的群的完全对称性。我们用该群的一个子群来描述空间中任意图形的对称性。例如，浮士德（Faust）博士用来驱逐恶魔梅菲斯特（Mephistopheles）的著名五角星（图2-3）。该五角星在围绕其中心O做5次真旋转后转回到了原位，每次的旋转角度为360°/5的倍数（包括恒等旋转），以及沿中心O与5个顶点的连线进行5次反射，其位置最终仍保持不变。这10次操作构成了一个群，这个群向我们说明了该五角星具有哪种对称性。因此，要将左右对称性引至更具广泛几何意义上的对称性，就得用任意自同构群来代替平面中的反射。平面上以O为圆心的圆与空间中以O为球心的球体，分别具有由所有平面旋转或所有空间旋转而构成的群所描述的那种对称性。

如果一个图形$\mathfrak{F}$不能无限延伸，那么使该图形保持不变的自同构必须保持大小不变，因此是一个全等，除非该图形仅由一个点构成。以下为简要的论证：如果有一个自同构使$\mathfrak{F}$保持不变，但使其大小发生变化，那么这个自同构或其逆变换将以一定的比例$a:1$使所有线度增加（而不是减少），其中a大于1。设该自同构为S，α、β为图形$\mathfrak{F}$中的两个不同点。两点之间的距离为d（$d>0$）。对变换S进行了迭代，得出：

$$S = S_1 , \quad SS = S_2 , \quad SSS = S_3 , \quad \cdots$$

变换的n次迭代S^n将α和β变换为图中的两点α_n、β_n，其间距为$d \cdot a^n$。指数n越大，距离$d \cdot a^n$就越大，并趋于无穷大。但是如果图形F是有限的，那么就存在一个数c，使得F中任意两点的距离都不得大于c。因此，一旦n增大到使$d \cdot a^n > c$，矛盾就出现了。该论证还说明了另一点：自同构的任意有限群都只能由全等变换构成。因为如果它包含一个变换S，且S以$a:1$（$a>1$）的比例使线度增大，那么该群中无限多个选代S^1，S^2，S^3，…，都将不同，因为它们是以不同的尺度a^1，a^2，a^3，…，进行放大的。正是由于这样的原因，尽管我们不得不处理像饰带这类实无限（actually infinite）或潜无限（potentially infinite）的构型，我们也尽量只考虑由全等变换构成的群。

探讨完这些数学方面的问题之后，我们现在来讨论一些在艺术方面或自然界中非常重要的特殊对称群。定义左右对称的操作——镜像反射，在本质上是一种一维操作。一条直线可以对其上面的任意一点O进行反射；这一反射将P点变换为P'点，位于另一侧的P'点与O点的距离等于P点与O点的距离。这种反射是一维直线唯一的非真全等，而其唯一的真全等是平移。关于O点反射之后，再进行一个平移OA，从而建立起关于线段OA的中点 A_1的反射。 在平移t下保持不变的图形表明，饰带艺术中存在所谓的"无限关联"（infinite rapport），即图案以一种有规律的空间节律加以重复。在平移t操作下保持不变的图案经迭代t^1，t^2，t^3，…，后也不变，甚至经恒等平移$t^° = I$，以及平移t的逆平移t^{-1}及其逆平移的迭代 t^{-1}，t^{-2}，t^{-3}，…， 后同样保持不变。如果t对直线产生的平移量为a，那么t^n对该直线产生的平移量为：

图2-4 一维图案的两种对称

na（$n = 0$，± 1，± 2，$\cdots$）

因此，如果我们用t产生的平移量a来表征平移t，那么它的迭代或其幂t^n就可用整倍数na来表征。由此可知，将一条直线上一个给定的具有无限关联的图案变换为其自身的所有平移，都是基本平移a的倍数na。我们可以结合反射对称来说明这种节律。结合反射对称，各相邻反射中心之间的距离为$1/2a$。如图2-4所示，对于一维图案或"饰带"，只可能出现这两种对称（"×"所标记的是反射中心）。

当然，真正的饰带严格来说不是一维的，但是就现在所描述的对称性而言，我们只是利用了它们的长度维度。以下是几个关于古希腊艺术的简单例子：图2-5属于类型Ⅰ（平移+反射），展示了棕榈叶这一极其常见的图形；图2-6属于类型Ⅱ，上面是无反射的花样。图2-7是苏萨大流士宫殿的中楣，其上所饰的波斯弓箭手，图案是纯粹平移的；但是需要注意的是，基本平移单位是相邻弓箭手间距的两倍，因为这些弓箭手的服饰是交替出现的。我们回头来看看蒙雷阿莱大教堂中的《基督升天》镶嵌图（图1-10），这一次请注意镶嵌在边框上的饰带图案。那条最宽的饰带的镶嵌采用了一种特殊的技术镶嵌［后来科斯马蒂（Cosmati）也采用了这种技术］，通过只重复基本的树状图案的外部轮廓来表现平移对称性，而每个树状轮廓都填充了不同的、具有高度对称性的二维镶嵌图案。关于建筑学方面的平移对称性，原威尼斯总督官邸——道奇宫（The palace of the doges in Venice）（图2-8）则具有一定的代表性，其他类似的例子不计其数。

正如我之前提到的，饰带图案实际上是由一条环绕中心线的二维带状图案组成，因此它们还具有另一个横向维度。由此可见，饰带还具有另外的对称性。图案围绕中心线*l*进行反射后仍可以保持不变；我们将这种反射叫作纵向反射（longitudinal reflection），与此相区别的是围绕*l*的垂直线进

图2-5　平移兼反射的对称图案

图2-6　无反射的对称图案

图2-7　苏萨大流士宫殿中楣上的波斯弓箭手

图2-8　威尼斯总督官邸——道奇宫

行的横向反射（transversal reflection）。 图案经纵向反射，再平移 $\frac{a}{2}$ 的距离（纵向平移反射），或许仍然可以保持不变 。饰带上常见的图案有线、细带或麻花瓣状物，其设计是这样的：由于一股横跨在另一股之上，因此有一部分图案就被遮住了。如果这种解释是合理的，那么就可以进一步操作了；例如，关于饰带某个平面的反射会将略高于该平面的那一股变换为低于该平面的一股。所有这些都可以从群论的角度进行全面的分析，就像我在序言中提到的施派泽所著的《有限价群论》，其中就有个章节专门讨论了这个问题。

在有机世界里，被动物学家称为分节（metamerism）现象的平移对称很少像左右对称那样规则。以枫树的芽枝和二列武夷兰（Angraecum distichum）的芽枝（图2-9）为例[1]。就后者而言，除了平移，还同时存在纵向滑移反射。当然，这种图案并不会无限延伸（饰带也不会），但至少在某个方向上，我们可以说，它具有潜在的无限趋势，因为随着时间的推移，彼此被芽叉开的新生部分总会接连不断地生长。歌德（Goethe）谈

---

1 该图与图2-10均摘自W. Troll的文章《生物界的对称性》（*Symmetricbetrachtung in der Biologie*，*Studium General*，p.241，249）。

到脊椎动物的尾巴时，即暗示了有机生物具有潜在无限性。图2-10所示的蜈蚣的中间部分具有相当规则的平移对称性和左右对称性，其基本操作为单节平移与纵向反射。

　　音乐节律就是按照一维乐谱等间隔重复的原则而产生的。我们可以说，芽枝一边生长，一边将缓慢的时间节律转化为一种空间节律。在音乐中反射（即时间逆演）所起的作用远不如节奏重要。如果把乐曲倒着演奏，其旋律风格会发生很大的改变，赋格曲中就使用了反射，但对于我这个外行人来说，却几乎无法辨别出来；因为显然反射无法像节奏那样可以产生一种自然而然的效果。所有的音乐家都会认为，隐藏在音乐情感元素背后的是一种很强的、匀称的元素。或许我们能够对这种元素进行某种数学处理，就像成功运用数学处理装饰艺术中那样。尽管有这种可能，但我们可能还没有发现合适的数学工具，这不足为奇。毕竟，相比数学家们在群概念中发现适用于处理装饰艺术，并能借以推导其潜在对称类型的数学工具的这一成就，古埃及人在装饰艺术方面的精湛技艺要领先我们四千余年。施派泽（Andreas Speiser）对装饰艺术的群论观点特别感兴趣，并试图将具有数学特性的组合原理应用于音乐的形式问题上。他在某部著作的某一章《数学的思维方式》

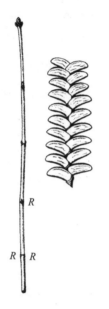

图2-9 枫树和二列武夷兰的芽枝图　　　图2-10 蜈蚣

（*Die Mathematische Denkweise*，Zurich，1932）对这一问题进行了讨论。其中，他分析了贝多芬（Beethoven）的第28号钢琴奏鸣曲[1]，还提到了阿尔弗雷德·洛伦茨（Alfred Lorenz）对理查德·瓦格纳（Richard Wagner）的主要作品在形式结构方面所进行的研究。诗歌中的韵律与此也是息息相关的，因此施派泽认为，科学在这方面已经有了更深层的渗透。音乐和韵律似乎都是 aab 这种结构（通常被称为一个小节）：重复的主题 a，其后为"结尾诗节" b；在古希腊戏剧的抒情合唱诗中，这就表现为向左舞唱的诗句，向右舞唱的诗句以及合唱诗的第三节。但是这样的模式几乎不属于对称性的讨论范畴。[2]

我们把话题转回到空间中的对称。取一条饰带，饰带上图案不断重复的部分为单位长度 a，然后把它绕在一个圆柱面上，柱面周长为 a 的整数倍，例如 $25a$。于是你会得到一个绕圆柱轴旋转 $a=360°/25$ 或其整数倍后仍保持不变的图案。图案连续旋转25次相当于旋转了 $360°$，或者相当于恒等旋转。于是，我们得到一个25阶的有限旋转群，即一个由25次操作组成

1 指贝多芬的《A大调钢琴奏鸣曲》。
2 可对比第一讲（第1页）注释所引用的伯克霍夫在其两部作品中对诗歌和音乐数学所持的观点。

图2-11　几何时期的雅典式花瓶

图2-12　公元前7世纪的爱奥尼亚学派的罗德式水罐

的群。我们可以用任何具有柱对称性的表面，也就是绕某一轴无论怎样旋转仍能保持不变的面，例如花瓶瓶面，来代替该圆柱面。图2-11为几何时期（geometric period）[1]的雅典式花瓶，上面雕刻了许多这种类型的简单装饰图案。图2-12为公元前7世纪爱奥尼亚学派（Ionian school）[2]的罗德式水罐，尽管其风格不再是"几何图案式"的，但是与其图案所遵循的对称原则并无二致。还有其他的例子可以作为参考，图2-13为古埃及的柱顶。任何围绕平面中的O点或空间中的一个给定轴进行真旋转的有限群都包含一个基本旋转t，t的旋转角度是旋转一圈360°的整除数即360°$/n$，并且该有限群是由"t的迭代t^1，t^2，…，t^{n-1}，t^n等于恒等旋转（I）"构成的，阶数n完全表征了这个群。通过以上类似事例便能得出这个结论：一条直线的任何平移群，只要不包含除了恒等平移本身以外的任意接近恒等的平移，就都由单个平移a的迭代va组成（$v=0$，

1 指古希腊艺术文化所处的公元前900至公元前700年的这一时期。

2 爱奥尼亚学派由古希腊哲学家泰勒斯创立，该学派剥离了古希腊神话，试图用人自身对世界的观察、思考、猜测等方式（特别是几何学）来解释世界，展现出一种类似于科学研究的自然哲学，其学说可算作是理性主义的早期表现。——译者注

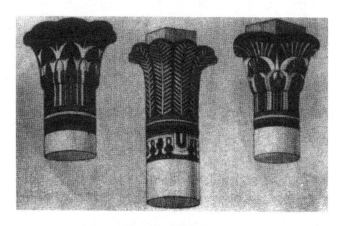

图2-13 古埃及柱顶

±1, ±2, …）。

图2-14为原突尼斯土著领袖们所住的宫殿现巴尔多（Bardo）博物馆中的一个木制圆顶，可以将此作为室内建筑装饰的一个例子。图2-15为比萨市的中心建筑——洗礼堂（Baptisterium），其顶部有一尊小巧的施洗者约翰雕像，你可以从建筑外部分辨出六个水平层，每层都具有不同阶数n的旋转对称性。如果与比萨斜塔对比，其画面会更加的鲜明：比萨斜塔有六个拱廊，各拱廊具有相同的高阶旋转对称性；而圆顶中殿外部饰有的梁柱和中楣具有直线平移对称性，其小圆屋顶则被一个具有高阶旋转对称性的柱廊所围绕。

如果从德国美因茨罗马风格大教堂的唱诗班席位的背后角度（图2-16）来看，我们的感受会截然不同。虽然左右对称性贯穿了整个建筑结构，甚至体现在每个细节上，但是小圆花窗和三座塔楼所具有的八边形中心对称（$n=8$，该数值低于比萨洗礼教堂水平层的对称性阶数）也在一些中楣的半圆拱中重复出现。

如果具有完全柱对称性的表面是一个垂直于该轴的平面，那么该平面就会呈现出最基本的循环对称性（cyclic symmetry）。这样，我们的研究重点便落在了这个以O点

图2-14 原突尼斯土著宫殿中的木制圆顶

图2-15 比萨市洗礼堂

图2-16　德国美因茨罗马风格大教堂

为中心的二维平面。关于中心平面对称性（central plane symmetry），最具代表性的例子就是哥特式大教堂中那些绚丽多彩的玫瑰玻璃花窗。在我印象中最为深刻的是法国特鲁瓦市圣皮埃尔教堂（St. Pierre）的圆花窗，它们的对称性均以数字3为基础。

花，是大自然最姣美的孩子，也因其色彩和循环对称性而引人注目。图2-17是一枝有三重极点的鸢尾花（Iris），而具有五重对称性的花最为常见。恩斯特·海克尔（Ernst Haeckel）所著的《自然界的艺术形态》（*Kunstformen der Natur*）中的这一幅图（图2-18）似乎表明，这种对称现象在低等动物中也是屡见不鲜的。但生物学家们曾提醒我，蛇尾纲（Ophiodea）中的棘皮动物的外表在某种程度上是具有欺骗性的，它们幼虫的构造符合左右对称性原则。这本书中的另一幅图：一只呈八边形对称（octagonal symmetry）的圆盘水母（Discomedusa）（图2-19），则不存在上述争议。因为腔肠动物在系统发育中还处于循环对称性尚未让位于左右对称性的阶段。海克尔的这部经典著作称得上是一部真正关于大自然对称性的法典，在书中，他插入了无数的图片，以精细入微的细节将生物体的具体形态表现得淋漓尽致。生物学家海克尔的

图2-17 鸢尾花

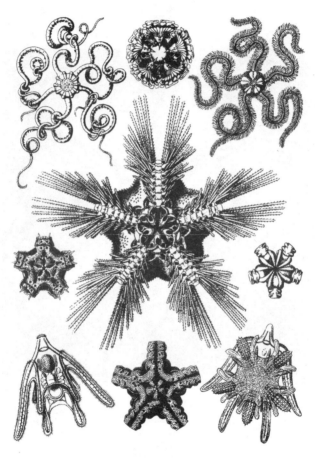

图2-18　恩斯特·海克尔的著作
《自然界的艺术形态》的内页插图（其一）

图2-19　恩斯特・海克尔的著作

《自然界的艺术形态》的内页插图（其二）

另一部著作《挑战者号专论》（*Challenger Monograph*）插入的数以千计的图片同样具有启发意义，他在这本书中首次描述了他在1887年乘坐"挑战者号"在探险中发现的3508种新的放射虫（radiolarians）。相较于这位狂热的达尔文主义追随者所热衷的且过于推测性的种系发生假说，以及他那相当肤浅的，曾在19—20世纪之交的德国引起不小轰动的一元论唯物主义哲学，他在这方面所取得的成就更值得我们铭记于心。

说到水母，我不由得要引用达西·汤普森（D'Arcy Thompson）的经典著作《论生长与形式》（*Growth and Form*）（这是一部英国文学名著，体现了作者在几何学、物理学、生物学和人文主义学方面所拥有的渊博学识，以及其所拥有的非凡卓绝的科学洞察力）中的几句话。汤普森提到了悬滴物理实验，他通过类比的方式来解释水母的形成。他说："活水母具有明显、规则的几何对称性，这说明在这个小生物的生长和构造过程中存在着某种能影响这一过程的物理学方面或力学方面的因素。水母具有一个旋涡状的伞膜，还有对称的柄或垂管。伞膜上横向分布着径向的管道，数目为4或4的倍数；其边缘嵌有光滑的或通常呈串珠状的触手，间隔规则、尺寸渐变；某些感觉器官，包括固结物或'耳石'，也是呈对称分布的。水母刚一成形，就会跳动，伞膜也开始'奏鸣'。幼体是母体的微型复制品，很容易出现在触手或者垂管上，有时还会出现在伞膜的边缘上；在我们眼前，它看起来就像一个旋涡产生了另一个旋涡。从这个角度来看，类水母体的发育值得我们客观地进行研究。例如，薮枝螅（Obelia）的微小类水母芽体就是以一种迅速而完美的方式从母体分离的，这种完美性意味着幼体的生长是一种自发性的、近乎瞬时的构造行为，而不是一种渐进的生长过程。"

虽然五边形对称（pentagonal symmetry）在有机界中很常见，但是人们却没有在无机界中最具完美对称性的晶体中发现它。只有当阶数为2、3、4和6时，才会存在旋转对称。雪花是最具代表性的六边形对称（hexagonal symmetry）晶体。图2-20展示了水结冰后的一些小型奇迹。在我年轻的时候，一到圣诞节，雪花就从天而降，大地银装素裹，老老少少无不欢天喜地。可是现在只有滑雪者才喜欢它们，开车的人则对下雪感到特别苦恼。熟谙英国文学的读者应该记得，托马斯·布朗爵士（Sir Thomas Browne）在他的著作《居鲁士大帝的花园》（*Garden of Cyrus*, 1658）中对六边形对称和"五点梅花"对称的描述尤为独到：这种对称"巧妙地揭示了大自然是如何利

图2-20 冰晶

用几何原理来维持万物秩序的"。熟谙德国文学的读者应该记得，托马斯·曼（Thomas Mann）在其著作《魔山》[1]（*Magic Mountain*）中是如何描述暴风雪中"花开六角的杀伤力"：

在这场暴风雪中，主人公汉斯·卡斯托普筋疲力尽地靠在一个谷仓上睡着了，在死亡与爱情的梦魇中差点死去。可就在一个小时前，当汉斯开始他那没准儿的滑雪探险时，他还尽情享受着那翩翩飞舞的漫天雪花。他颇具哲学意味地说道："在这些迷人的、无数的小星星中，在它们细腻得连人类肉眼都看不见的光辉中，没有任何两片雪花是彼此相同的；一种无尽的力量不仅创造了等边等角六边形这一共同的基本结构，还创造了千变万化的形态。然而每一片雪花又都是完全对称的，相当规则的，且具有与不可思议的、反有机的以及无生命的物体共同特征。它们这种极端的规则性，没有任何适用于生命的物质能够企及——面对这种绝对的精确性，就连生命的本性也显得苍白无力，因为它才是致命的，是死亡的根本。汉斯·卡斯托普此时终于明白了，为什么古代建筑师要刻意地在绝对对称的柱状

---

1 引自海伦·劳-波特（Helen Lowe-Porter）的译本［克诺夫出版社（Knopf），纽约，1927年和1939年］。

结构中暗自掺杂一些细微的变化。"[1]

到目前为止，我们只讨论了真旋转。如果把非真旋转纳入考虑范围，平面几何中围绕中心 O 旋转的有限群可能会出现以下两种情况，分别与上文我们讨论过的两种直线装饰对称相对应：（1）由重复的单个真旋转（旋转角度为360°的整除数 $\alpha = 360°/n$）所构成的群；（2）上述旋转与关于 n 根相邻夹角为 $\frac{a}{2}$ 的轴一起构成的群。第一种群被称为循环群（cyclic group）C_n，第二种群被称为二面体群（dihedral group）D_n。那么，二维空间中唯一可能的中心对称为：

$$C_1, \quad C_2, \quad C_3, \quad \cdots, \quad D_1, \quad D_2, \quad D_3, \quad \cdots \qquad (1)$$

C_1 是指完全不对称，D_1 仅指左右对称。在建筑中，四阶对称最为盛行，塔楼通常呈六边形对称。六阶对称的中心建筑则寥寥无几。佛罗伦萨的圣天使玛利亚大教堂（S. Maria degli Angeli）（建于1434年）是中世纪以来第一座纯粹的中心建

---

1 丢勒并不认为其人像标准是人们需要竭力达到的水准，而是将其看作偏离的基准。维特鲁威在其所著的《温度》（*Temperaturae*）中似乎也表达了类似的观点。第一讲注释1（第1页）引用的波利克里托斯的话中，"几乎"一词或许也蕴含着相同的意思。

筑，呈八边形对称，五边形对称的建筑实属罕见。1937年，我在维也纳就对称问题进行演讲时说过，我只知道一座呈五边形对称的建筑，这种建筑相当不起眼，它就是连接威尼斯穆拉诺岛圣米歇尔教堂（San Michele di Murano）与六边形建筑艾米利亚纳教堂（Capella Emiliana）之间的一条走廊。当然，现在的华盛顿五角大楼，由于其规模和独特的形状为轰炸机的攻击提供了明晰的参照坐标。莱昂纳多·达·芬奇（Leonardo da Vinci）曾系统地研究过中心建筑可能具有的对称性，以及如何在不破坏主要对称的情况下为其增建小教堂和壁龛。用抽象的现代术语来说，他得出的结论基本上就是我们上文所列出的二维有限旋转群（真旋转和非真旋转）的全部可能情况。

就目前来看，平面旋转对称总是与反射对称并存；我已经向大家展示了许多二面体群D_n的例子，而还没有列举过更简单的循环群C_n的例子，但我并非有意为之。图2-21为两种花，老鹳草（geranium，I）属于对称群D_5，而草本长春花（Vinca herbacea，II）由于其花瓣不对称而属于范围更小的群C_5。图2-22所展示的是三脚架（$n=3$），这也许是最简单的旋转对称图形。如果要消除其伴随的反射对称，就要在轴臂插上小旗子，使其变成三角骨的形状，这是一个古老的巫术符号。例

图2-21 老鹳草和草本长春花

图2-22 三脚架

如，古希腊人的三角骨图腾，中间放着美杜莎的头像，象征着地势呈三角形的西西里岛[1]。如果再增加第四条轴臂，就成了人类最古老的符号之一——"卍"字符。许多文明彼此独立却都使用过这个符号[2]。1937年秋，在希特勒（Hitler）大军攻占奥地利不久前，我在维也纳发表的关于对称性问题的演讲中对卍字符作了些补充说明："在今天这个时代，卍字符已经成为了恐怖的象征，远比盘绕着蛇发的女妖美杜莎的头颅更为可怕"——顿时观众席上爆发出一阵阵掌声和嘘声[3]。这类图案的魔力似乎来源于其惊人的不完全对称——一种不伴随反射的旋转对称。图2-23是维也纳圣斯特凡大教堂（Stephan's dome）布道坛上造型优雅的楼梯；三角骨状的轮子和"卍"字符状的轮子交替出现。

关于二维旋转对称此处不再赘述。对于像饰带那种可能无限多的图案来说，或者对于无限群来说，使图案保持不变的

---

1 数学家们对这个符号很熟悉，因为《巴勒摩数学会协会通报》（*Rendiconti del Circolo Matematico di Palermo*）报告封面上的印章就是这个图案。

2 上古时代人们所使用的逆时针方向的万字符（卍）常带有一定的象征意味，被用以代指神圣、吉祥、永恒等含义。

3 德国纳粹曾使用顺时针方向的万字符（卐）作为党徽。

图2-23　维也纳圣斯特凡大教堂楼梯

操作未必是全等，还有可能是相似。一维空间的相似，如果不是单纯的平移的话，那么就有一个固定点O，并且以O点为中心按一定的比例$a:1$增大或缩小s，其中$a \neq 1$（a不要求大于0）。该操作的无限迭代产生了由增缩量构成的群$\sum$，则有：

$$s^n \quad (n=0, \pm 1, \pm 2, \cdots) \tag{2}$$

如图2-24所示的佛塔锥螺（Turritella duplicata）的外壳就能充分地说明这类对称性。各螺层的宽度精确地按照等比数列的规律逐层变化，这实在是不可思议。

有些时钟的指针持续匀速地转动，而有些则每隔一分钟走动一次。在所有由旋转构成的连续群中，以分钟的整数倍所做的旋转构成了一个不连续的子群，并且该连续群必然包含了一次旋转s及其迭代（2）。这一观点适用于一维、二维、三维空间中的所有相似，事实上也适用于任何变换s。空间填充物质"流体"的连续运动在数学上可以用一个给定的变换$U(t, t')$来描述，该变换将流体中的任意一点在时刻t的位置P_t变换为时刻t'的位置$P_{t'}$。如果$U(t, t')$仅取决于时间差$t'-t$，即$U(t, t') = S(t'-t)$，换言之，如果在相等的时间间隔内流体一直重复做相同的运动，那么这些变换就构成了单参数群。在这种情况下，流体做"匀速运动"。单参数群的基本法则为：

图2-24　佛塔锥螺

$$S(t_1)(t_2) = S(t_1 + t_2)$$

上式表示，在t_1、t_2这两个连续时间间隔中流体所做的运动等于其在t_1+t_2这个时间段内所做的运动。若是1分钟内的运动，其结果等于一个确定的变换$s=S(1)$，而对于所有整数n，在n分钟内做的运动$S(n)$就等于迭代s^n：由运动$S(t)$构成的以t为参数的连续群中就包括由S的迭代构成的不连续群Σ。可以说，连续运动是指同一无限小的运动，在相等的、无限小的时间间隔内，连续无限次重复所做的运动。

除了增缩运动以外，以上论述本来也适用于平面圆盘的旋转运动。现在我们设想一个任意的真相似s，即无须互换左右的相似。如果它像我们假设的那样，不只是一个平移，那么它就有一个固定的点O，并由一个绕O点的旋转与一个以O点为中心的增缩构成。通过结合匀速旋转和增大运动这一连续过程$S(t)$就能实现这种相似，比如在1分钟后到达位置$S(1)$。在这个过程中，除O点以外的点将沿着所谓的对数螺线（logarithmic spiral）或等角螺线（equiangular spiral）运动。因此，这条曲线与直线和圆周一样，都有一个重要的性质——通过相似变换的连续群回到原来的位置。在巴塞尔的大教堂里，詹姆斯·伯努利（James Bernoulli）的墓碑上刻着一条螺线（spira mirabilis），并附以颂词"Eadem mutata resurgo"（我虽改变，但又如故），极具修辞性地刻画了螺线的性质。直线和圆周是对数螺线的极限情况，如果旋转加上增缩运动，当这一组合中的其中一个恰好为恒等变换时，就会出现直线和圆周的极限情况。这个过程在以下时刻

$t=n=\cdots,\ -2,\ -1,\ 0,\ 1,\ 2,\ \cdots$　　　　　　　（3）

　　所到达的位置就会构成迭代（2）组成的群。图2-25所展现的是众所周知的鹦鹉螺（Nautilus）的外壳，它将这种对称展现得淋漓尽致。我们从图中不仅可以看到连续的对数螺线，还能看到壳腔的潜在无限序列具有不连续群Σ所描述的对称性。图2-26为一枝巨型向日葵，任何看到这幅图的人都会发现，小筒花自然地沿着对数螺线排列，并且有两组螺线朝着相反的方向盘绕。

　　三维空间中最普遍的刚体运动是螺旋运动s，即绕轴旋转结合沿此轴的平移。对于任何不在轴上的点，只要在相应的连续匀速运动的作用下，按其运动轨迹就可以描绘出一条螺旋线。当然，该螺旋线同样可以像对数螺线那样，有权宣称自己"eadem resurgo"（如故）。运动的点在等时间间隔（3）所到达的位置序列P_n均匀等距地分布在该螺旋线上，就像螺旋式楼梯上的阶梯一样。如果操作s的旋转角度是周角360°的一个分数μ/ν，且μ和ν均为小整数，那么序列P_n中每相隔ν的点都位于同一条垂直线上，并且该螺旋在完全旋转μ周之后，就会从P_n移动到其正上方的点$P_n+\nu$上。这种规则的螺旋排列常见于植物枝芽上的树叶。

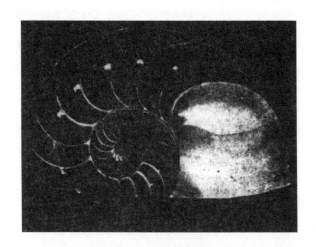

图2-25 鹦鹉螺外壳

图2-26 巨型向日葵

歌德曾谈论过自然界中的螺旋倾向，这种现象叫作叶序（phyllotaxis）[1]，自1754年查尔斯·邦内特（Charles Bonnet）的时代起，叶序就一直是植物学家大量研究和不断探索的课题。[2] 人们已经发现，描述树叶呈螺旋状排列的分数 μ/ν 大多属于无理数 $\frac{(\sqrt{5}-1)}{2}$ 的连分式展开式——"斐波那契数列（Fibonacci sequence）"

$$\frac{1}{1},\ \frac{1}{2},\ \frac{2}{3},\ \frac{3}{5},\ \frac{5}{8},\ \frac{8}{13},\ \frac{13}{21},\ \frac{21}{34},\ \cdots \quad (4)$$

这个无理数就是黄金分割（aurea sectio）比例，它在将比例简化为数学公式方面发挥了重要的作用。可以用圆锥面代替螺旋线所缠绕的圆柱面；这相当于用任意真相似——旋转结合增缩——来代替螺旋运动s。冷杉球果上鳞片的排列就属于这类叶序中更为一般的对称形式。植物圆柱形茎上的叶片，冷杉球果的鳞片，巨型向日葵盘状花序上的小筒花清楚地展示了从圆柱面到圆锥面再到圆盘的过渡。冷杉球果鳞片的排列最

---

1 指叶在茎枝上规律排列的次序，有数种类型。

2 这一现象亦见于汉毕奇（J. Hambidge）的著作。他所著的《动态对称性》（*Dynamic Symmetry*）一书的第146—157页引用了数学家阿奇博尔德（R. C. Archibald）关于对数螺线、黄金分割和斐波那契数列的详细说明。

适合用来检验数列（4），但是你会发现它并没有太高的准确性，而且大的偏差也并不罕见。在《爱丁堡皇家学会会刊》（*Proceedings of the Royal Society of Edinburgh*，1872）中，泰特（P. G. Tait）设法作出了一个简单的解释，而丘奇（A. H. Church）则在他的长篇著作《叶序与力学定律的关系》（*Relations of phyllotaxis to mechanical laws*，Oxford，1901–1903）中认为，生物体的奥秘就藏在叶序计算中。我觉得，现代植物学家对整个叶序学说的重视程度恐怕不如这些前辈。

除了反射之外，我们目前讨论的所有对称性都可以用一个操作s的迭代所构成的群来描述。当s被设为一个旋转角度为$\alpha = 360°/n$（完全旋转360°的整除数）的旋转时，我们所得到的群是有限的，这无疑是最重要的实例。对于二维平面来说，除此以外，没有其他由真旋转构成的有限群存在了；这证明了莱昂纳多列表（1）中的第一行C_1，C_2，C_3，…。具有相应对称性的最简单的图形是正多边形：正三角形、正方形、正五边形等。每个数字$n=3$，4，5，…，都对应存在一个边数为n的正多边形。与这一事实密切相关的另一个事实是：在平面几何中每个n都对应存在一个阶数为n的旋转群。这两个事实绝不可小觑。事实上，三维空间的情况完全不同：在三维空间中不存在无限多的正多面体，最多只有五个正多面体，它们通常被称为柏拉图多面体（Platonic solids），因为它们在柏拉图的自然哲学中扮演着重要的角色。它们分别是正四面体、正方体、正八面体，此外还有五边形组成的五角十二面体，其表面为十二个正五边形，以及由二十个正三角形围成的正二十面体。有人可能会说，前三种正多面体在几何学上太常见了，简直不值一提。但最后两种正多面体无疑是整个数学史上最美丽、最奇妙的发现之一。我们可以非常确定的是，这一发现可以追溯到意大利南部的古希腊殖民时期。古希腊人当时从黄铁矿晶体，一种盛产于西西里岛的含硫矿物上抽象出了正十二面体。但如前所述，正十二面体的特征是具有五阶对称性，这与晶体学的定律是相互矛盾的。事实上，人们发现，在从黄铁矿晶体抽象出的十二面体中，其五边形的表面只有四条边长度相等，第五条边的长度与其他边不等。第一个精确地构造出正五边形十二面体的可能是特埃特图斯（Theaetetus）。有证据表明，正十二面体在很早以前被意大利人用作骰子，并且在伊特鲁里亚（Etruscan）文化中还带有某种宗教意义。柏拉图在对话录《蒂迈欧篇》（Timaeus）中把正四面体、正八面体、正方体和正二十面体依次与火、气、土和水这四种元素联系在一起，

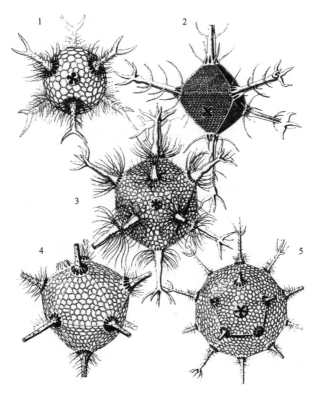

图2-27　海克尔所著的《挑战者号专论》
的内页图——放射虫骨架

而在正五边形十二面体中，他在某种意义上看到了整个宇宙的形象。施派泽主张以下观点：构造五个正多面体是几何学演绎体系的主要目标。这个体系是由古希腊人创立的，欧几里得在其所著的《几何原本》（*Elements*）中将其奉为金科玉律。然而我想提一下，古希腊人从来没有使用过我们现代意义上的"对称（symmetric）"这个词。在常用语中，σύμμετροξ 的意思是成比例的（proportionate），而在欧几里得定理中，它相当于现在的"可公度的"（commensurable）：正方形的边和对角线是不可公度的量（希腊语为 ἀσύμμετρα μεγέϑη）。

图2-27是海克尔所著的《挑战者号专论》中的一页，展示了几个放射虫的骨架。2号图、3号图和5号图分别为正八面体、正二十面体和正十二面体，它们的形状规则得令人惊叹；4号图的对称程度则要低一些。

1595年，早在开普勒发现如今以他的名字命名的三大定律之前，他就在《宇宙的奥秘》（*Mysterium Cosmographicum*）一书中试图将行星系中的距离归纳为一组交替内接于或外切于球面的正多面体。他构想的结构如图2-28所示，据此，他相信自己已经深入地洞悉了造物主的奥秘。这六个球面分别对应六大行星：土星、木星、火星、地球、金星、水星，它们依次按

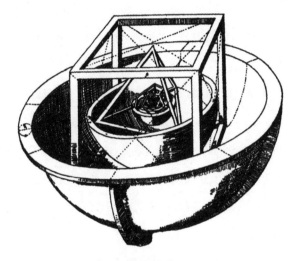

图2-28　开普勒所著的《宇宙的奥秘》
　　中的行星体构想详图

照正方体、正四面体、正十二面体、正八面体、正二十面体的顺序分隔开来（当然，开普勒当时还不知道三颗外行星，即天王星、海王星和冥王星，它们分别于1781年、1846年和1930年被发现）。造物主为何会选择柏拉图多面体这种次序呢？柏拉图试图找出原因，并试图把行星的性质和相应的正多面体的性质进行比较，前者的性质是指占星术上而非天体物理学上的性质。他在书的结尾用一首雄伟壮美的赞美诗宣告了自己的信条："Credo spatioso numen in orbe（我坚信无穷的神）"。我们至今仍然秉持着他的信念：宇宙在数学上是和谐的。尽管我们不断地积累经验，但这个信念始终经受住了重重检验。但是我们如今不再在正多面体这种静态形式中，而是在动态定律中寻求这种和谐性。

正如正多边形与平面旋转的有限群相关一样，正多面体必定与空间中围绕中心点O的真旋转的有限群密切相关。根据平面旋转的研究，我们立刻得到了两种类型的空间真旋转群。实际上，对于一个水平面上围绕一个中心点O转动的真旋转群C_n，可以将其解释为由空间中围绕通过O点的垂直轴转动的旋转所构成的群。水平面上，关于该平面中一条直线l的反射可以通过空间中围绕l的一个180°的旋转或翻转（Umklappung）

来实现。你们可能还记得，我们之前在分析苏美尔人的图案（图1-4）时提到了这一点。这样，水平面上的群D_n就变成了空间中的真旋转群D_n'；它包含以旋转角度为$360°/n$的整数倍围绕通过O点的垂直轴的旋转，以及围绕n条通过O点的水平轴的翻转，其中，n条水平轴相互之间的夹角为$360°/(2n)$。但是我们应该注意到，D_1'群以及C_2群均包含恒等旋转和围绕一条直线的翻转。因此，这两个群是恒等的，在三维空间的各种真旋转群的完整列表中，如果保留C_2，那就应该删除D_1'。因此我们的列表开头如下：

C_1，C_2，C_3，C_4，…；

D_2'，D_3'，D_4'，…

D_2'就是所谓的四元群，它包括恒等旋转和围绕三条相互垂直的轴的翻转。

在这五个正多面体中，每一个都可以构造出使其变换为自身的真旋转群。这会产生五个新的群吗？不会，只会产生三个，原因如下：作一个内切于正方体的球面，再作一个内切于该球面的正八面体，使该正八面体的顶点位于正方体表面与球面的相切处，即落在六个正方形表面的中心上（图2-29为二维空间的类似情况）。

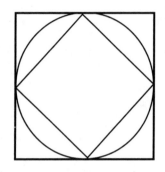

图2-29 正方体内切作图（二维）

　　在这种情况下，从射影几何学意义上来讲，正方体和正八面体是配极图形（polar figures）。很明显，每一次使正方体变换为自身的旋转都会使正八面体保持不变，反之亦然。因此，正八面体的对称性群就等同于正方体的对称性群。同理可得，正五边形十二面体和正二十面体也是配极图形。一个正四面体的配极图形仍是一个正四面体，后者的顶点是前者顶点的对跖点（antipodes）。因此，我们发现了三个新的真旋转群：T、W和P；它们分别使正四面体、正方体（或正八面体）以及五边形十二面体（或正二十面体）保持不变。它们的阶数，也就是每个正多面体内所含的操作次数，分别为12、24、60。

通过一个相对简单的分析（见附录A）可以看出，增加这三个群后，我们的列表完善如下：

C_n (n=1，2，3，…)；

D_n' (n=2，3，…)；　　　　　　　　　　　　　（5）

T，W，P。

这相当于是古希腊人正多面体列表的现代版。这些群，尤其是最后三个群，对几何研究来说是一个极具吸引力的考察对象。

如果这些群还包括非真旋转的话，又会出现怎样的情况呢？要回答这个问题，最好的方式就是利用一个非常独特的非真旋转，即对O点的反射；该反射将任意点P变换为关于O点的对映点P'，P'为P点与O点相连之后，按原来的长度将直线PO延长一倍（即PO=OP'）所得到的点。把这一操作记作Z，Z与每一个旋转S交换，即ZS=SZ。现在设Γ为一个真旋转的有限群。在Γ中添加Z是引入非真旋转的一种简单方法，准确来说就是通过把所有形式为 Z S（元素S包含于Γ）的非真旋转添加到已经包含真旋转S 的Γ中。由此得到的群 Γ = Γ + Z Γ 的阶数显然是Γ阶数的两倍。以下情况是引入非真旋转的另一种方法：假设Γ为另一个真旋转群Γ′中的一个指数为2的子群；那么Γ′中一半的元素将包含于Γ，将这些元素记作S，另一半不包含于Γ的元素记作S′。现在用非真旋转 Z S′来代替S′。如此一来，我们就得到一个包含Γ的群Γ′Γ，而另一半操作则是非真旋转。例如，Γ = C_n 是Γ′=D_n′的一个指数为2的子群；D_n′中不包含于C_n的操作S′为围绕n条水平轴的翻转。相应的 Z S′是关于经这些轴的垂直平面所形成的反射。于是，D_n′C_n 包括围绕垂直轴的旋转，以及关于经通过该轴的垂直平面所形成的反射，其中，旋转角度为360°/n的整数倍，垂直平面的相邻夹角为360°/（2n）。你可以认为这就是之前用D_n表示的群。再来看一个最简单的例子：Γ =C_1包含于Γ′=C_2。C_2中有一个不包含于C_1的操作S′是绕垂直轴转动180°的旋转；Z S′是关于通过O点的水平面所形成的反射。于是，$C_2$$C_1$是由恒等旋转和关于一个给定平面形成的反射所构成的群；换言之，这就是左右对称所指的那个群。

上述两种方式是将非真旋转引入群中的唯一两种方式

（证明见附录B）。因此这是所有（真和非真）旋转有限群的完整列表：

$$C_{n'}, \ \overline{C_n}, \ C_{2n}C_n \ (n=1, \ 2, \ 3, \ \cdots) \ ;$$

$$D_{n'}, \ \overline{D_n}, \ D_n'C_n, \ D_{2n}D_{n'} \ (n=2, \ 3, \ \cdots) \ ;$$

$$T, \ W, \ P; \ \overline{T}, \ \overline{W}, \ \overline{P}; \ WT \ 。$$

如果四面体群 T 是八面体群 W 的一个指数为2的子群，就会出现最后一个群 WT。

这个列表对我们来说很重要，因为在最后一讲中，我们将探讨晶体的对称性。

第三讲　装饰对称性

这一讲的探讨将比前一讲更为系统，因为我在这一讲将重点讨论一种特殊的几何对称；而且，这一几何对称从各个角度来看都是最复杂也最有趣的。在二维空间中，表面装饰艺术便涉及这种对称性，在三维空间中，它表征了晶体中原子的排列。因此，我们称之为装饰对称性（ornamental symmetry）或晶体对称性（crystallographic symmetry）。

我们先从一个出现频率比其他图案更高的二维装饰图案展开讨论：这种图案常见于艺术和自然界中——浴室中的地板瓷砖经常使用的六边形图案。如图3-1所示，我们可以看到，普通蜜蜂修筑的蜂巢便是由这种六边形图案所构成。蜂巢的巢室呈棱柱形，图片的拍摄角度就是选取的这些棱柱面。事实上，蜂巢是由两层这种巢室组成的，两层巢室的棱柱面恰恰相反。这两层巢室的内底部是如何榫接起来的？这是一个空间问题，我们稍后再讨论。现在我们主要考虑更简单的二维问题。如果你把球形弹珠或圆珠堆成一堆，它们在三维空间中会自己排列成类似于六边形的构型。在二维的情况下，我们的任务

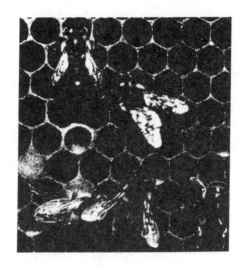

图3-1　蜂巢

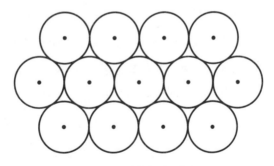

图3-2　圆的相切排列构图

就是尽可能地将全同的圆紧密地聚集在一起。首先，我们来看彼此相切、排成一排的全同圆。如果你把另一个圆从这一排圆的上方丢下，它会嵌在这一排的两个相邻圆之间，这三个圆的圆心将构成一个等边三角形。从上排这个圆就能构造出第二排圆，这些圆均嵌在第一排相邻圆之间；以此类推（图3-2）。圆与圆之间几乎没有空隙。一个圆与其周围六个圆相切处的切线构成了一个外切于该圆的正六边形，如果用这个正六边形代替各内切圆，我们就会得到一个填充整个平面的正六边形的规则构型。

根据表面张力的规律，具有最小表面积的形状：延展在某个细金属丝围成的边界上的肥皂泡沫薄膜，它的面积比具有相同边界的任何其他表面的面积都要小。如果向肥皂泡吹入一定量的空气，肥皂泡将成呈球状，因为球面以最小的表面积包围了给定的体积。因此，面积相等的二维气泡的泡沫会以六边形图案进行排列，这并不令人惊讶，因为在把平面分成面积相等的部分后，在所有图案中，六边形的边界总长是最小的。此处考虑的是水平层的气泡（例如两个水平玻璃板之间的气泡层），因此我们认为以上问题已经被简化为二维空间问题。如果囊泡有边界（生物学家称之为表皮层），我们可以观

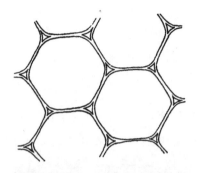

图3-3 玉米的薄壁组织

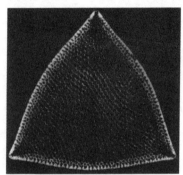

图3-4 硅藻的表面

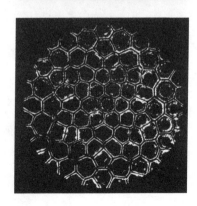

图3-5 人造蜂窝组织

察到它由圆弧构成，每段圆弧与相邻的细胞壁和下一段圆弧形成120°角，这正符合最小长度法则。经过这样的解释之后，当你们看到诸如玉米的薄壁组织（图3-3），我们眼睛的视网膜色素，许多硅藻的表面（图3-4展示的标本非常美丽），以及蜂巢等不同的结构都具有六边形的图案时，便不会大惊小怪了。当大小差不多的蜜蜂在巢内旋转修筑巢室时，这些巢室会形成一个平行圆柱体密集堆积的，其横截面看起来就像上述圆所构成的六边形图案一样。只要蜜蜂在工作，蜂蜡就处于半流体状态，因此此时的表面张力可能比蜜蜂自身从内部施加的压力更大，这就将这些圆变成外接的六边形（然而这些六边形的顶角仍然保留了圆形的一些残留痕迹）。我们可以将这种人造蜂窝组织（图3-5）与玉米的薄壁组织进行比较，前者是由亚铁氰化钾溶液液滴在明胶中扩散形成的。这种组织的规则性尚未令人满意，有些地方甚至不是六边形，而是掺杂了五边形。图3-6和图3-7是我从最近一期《时尚》（*Vogue*）杂志（1951年2月刊）中任意选取的另外两种具有六边形图案的人造织物。海克尔所著的《挑战者号专论》中关于放射虫的插图中其中一只放射虫被其称为六边形空心藻（Aulonia hexagona），图3-8就是它的含硅骨架，看起来像是在球面上而不是在平面内延展开

图3-6　《时尚》杂志插图（其一）

图3-7　《时尚》杂志插图（其二）

图3-8 "六边形空心藻"的硅质骨架残骸

的一种相当规则的六边形图案。但根据拓扑学的基本原理，一个呈六边形的网是不可能覆盖球面的。这个原理是针对将球面任意划分成沿着某些边相互交界的区域而言的。从这一原理可以得出：A个区域，E条边和C个顶点（至少有三个区域相交的点）满足关系式$A+C-E=2$。那么就六边形网而言，$E=3A$，$C=2A$，故$A+C-E=0$！果然，我们所看到空心藻中的一些网眼并不是六边形，而是五边形。

关于平面上的圆最密集的堆积问题在此不作赘述，现在我们来讨论空间中相同的球面或球体的最密集的堆积问题。我们先来研究一个球和通过该球球心的一个"水平面"。当球以最密集的方式堆积在一起时，这个球会与另外12个球相切，正如开普勒所说的"像石榴籽一样排列"，其中有6个球在该水平面中，有3个球在该水平面之下，还有3个球在该水平面之上。[1]假设以这种方式排列的球不能相互穿透，并且均围绕各自固定的球心进行均匀扩张，那么它们就会变成填满整个空间的菱形十二面体。请注意，此时的单个十二面体不是一个正多面体，而在相应的二维问题中，最终却得到了正六边形！蜜蜂的巢室是由这种十二面体的下半部分组成的，其六条竖直边延伸出去，就形成一个有开口的六边形棱柱。关于蜂巢的几何形状的问题已经有很多著作讨论过了。蜜蜂奇妙的社会习性和几

---

1 只要球心形成一个点阵，就确定了唯一的排列方式。点阵的定义见第125页；关于这个问题更全面的讨论，请参看看希尔伯特（D. Hilbert）与康福森（S. Cohnvossen）合著的《直观几何》（*Anschauliche Geometrie*，Berlin，1932，pp.40—41）；以及闵可夫斯基（H. Minkowski）所著的《丢番图逼近》（*Diophantische Appiroximatione*，Leipzig，1907，pp.105—111）。

何天赋必然是备受人类关注的对象，令观测者和研究者们叹为观止。在《天方夜谭》（*Arabian Nights*）中，蜜蜂的话语是这样的："我的房子是按照最严格的建筑法则建造的；就连大几何学家欧几里得本人也能通过研究这些巢室的几何结构而受益良多。"在1712年，马拉尔迪（Maraldi）首次进行了相当精确的测量，他发现巢室底部的三个菱形具有一个大约110°的钝角 α，它们与棱柱壁构成的角 β 与钝角 α 的值相等。他自问道：菱形的角度 α 的值必须为多少，才能与后一个角度 β 完全一致呢？他发现当 $\alpha=\beta=109°28'$ 时才能完全一致，因此他认为，蜜蜂早已解决了这个几何问题。当最小值原理被引入到曲线和力学的研究中时，通过使用最经济的蜂蜡来确定 α 的值这一说法便不再牵强了；对于其他的角度，则需要更多的蜂蜡才能建造出体积相同的巢室。雷奥米尔（Reaumur）的这一猜想得到了瑞士数学家塞缪尔·柯尼希（Samuel Koenig）的证实。不知什么原因，柯尼希把马拉尔迪的理论值当成了实际测量的值，他发现自己根据最小值原理计算出的理论值与马拉尔迪的理论值相差2′（因为他在计算 $\sqrt{2}$ 时使用的表格有误）。因此，他得出的结论是，蜜蜂在解决这个最小值问题时出错了，产生了小于2′的误差，他说这超出了经典几何学的范围，需要借助牛顿和莱布尼茨的方法来解决。随后，法国科学院（French Academy）就此进行了讨论，该院的终生秘书丰特内勒（Fontenelle）在论文中以一段著名的话进行了总结，他否认蜜蜂具有牛顿和莱布尼茨的几何智慧，并总结道，蜜蜂之所以会使用这种最高深的数学原理，是因为它们服从了神的指引和命令。事实上，巢室并不像柯尼希所认为的那样规则，即使在几度的范围内也很难测量出这些角度。但是一百多年后，达尔文（Darwin）仍然将蜜蜂的建筑称为"最为奇妙的一种已知本能"，并补充道："惟自然选择（这个词如今取代了神的指引！）方能使其建筑技艺如此巧夺天工；因为据我们所知，蜜蜂的巢室无论在节省劳力方面，还是在节省蜂蜡方面，都是无懈可击的。"

如果以适当的对称方式截断八面体的六个顶角，那么我们可以得到一个表面由6个正方形和8个六边形围成的十四面体。阿基米德（Archimedes）早已发现了这种十四面体，后来俄国晶体学家费多罗夫（Fedorow）又再次发现了这种多面体。通过适当的平移而复制出的这种多面体，能够像菱形十二面体那样不重叠、无间隙地填满整个空间（图3-9）。在巴尔的摩（Baltimore）的演讲中，开尔文勋爵（Lord Kelvin）演示

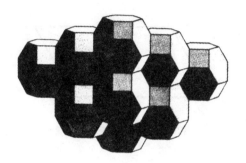

图3-9 十四面体堆叠图

了如何弯曲十四面体的面和边来使它满足最小面积的条件。按照开尔文勋爵的方法,空间就被分割成相等且平行的十四面体,在体积相同的情况下,这种十四面体相较于表面为平面的菱形十二面体,更为节省表面积。我倒认为开尔文勋爵的构型给出了绝对最小值;但据我所知,这尚未得到证明。

现在,让我们从三维空间回到二维平面,对双重无限关联(double infinite rapport)的对称性进行更系统的研究。首

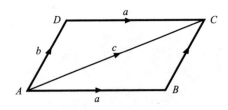

图3-10 平行四边形中的向量

先，我们必须精确地定义这个概念。如前所述，平移，即平面的平行移动，构成了一个群。通过确定给定点A平移后的位置点A'，平移a便得到了完整的描述。如果平移或向量$\overrightarrow{BB'}$与平移$\overrightarrow{AA'}$平行且等长，那么$\overrightarrow{BB'}$与$\overrightarrow{AA'}$相同。平移的复合通常用符号"+"来表示。因此，$a+b$是指首先平移a，然后平移b所得到的复合平移。如果a将A点平移至B点，b将B点平移至C点，那么$c=a+b$就将A点平移至C点，因此可以用平行四边形$ABCD$中的对角线向量$\overrightarrow{AC}$来表示。既然$\overrightarrow{AD}=\overrightarrow{BC}=b$，

$\overrightarrow{DC} = \overrightarrow{AB} = a$（图3-10），那么平移的复合，或者叫作向量的加法就满足交换律：a+b=b+a。这种向量的加法只不过就是a与b两个力按照力的平行四边形法则形成合力a+b=c。我们有恒等或零向量o，它使每个点返回到自身原来的位置，每一个平移a都存在一个逆向量-a，使得a+（-a）=o。很明显，2a，3a，4a，…所代表的含义则为a+a，a+a+a，a+a+a+a，…。对于任意整数n（正数、零或负数），定义倍数na所依据的一般法则可表示为：

（n+1）a =（na）+a，且0a=o

向量b= $\frac{1}{3}$ a是方程式3b=a的唯一解。因此，如果λ是一个分子m和分母n均为整数的分数 $\frac{m}{n}$ ，例如 $\frac{2}{3}$ 或者- $\frac{6}{13}$ ，那么λa的含义就很清楚了；根据连续性，对于任何实数，无论是有理数还是无理数，λa的含义也很清楚。对于两个向量e_1、e_2的任意线性组合$x_1 e_1 + x_2 e_2$，除非两个实数x_1和x_2均为零，否则任意$x_1 e_1 + x_2 e_2$都不为零向量o，那么这两个向量e_1、e_2是线性无关的。平面是二维的，其原因在于，每个向量x可以用两个固定的线性无关向量e_1、e_2唯一地表示为一个线性组合$x_1 e_1 + x_2 e_2$。系数x_1、x_2被称为x关于向量基（e_1，e_2）的坐标。将一个定点O固定为原点［并固定一个向量基（e_1，e_2）］之后，我们可

以通过 $\overrightarrow{OX}=x_1e_1+x_2e_2$ 使每个点 X 都对应坐标 x_1、x_2，反之亦然，这些坐标 x_1、x_2，确定了 X 在"坐标系"（0，e_1，e_2）中的对应位置。

解析几何中的这些原理让你们很头疼，但我又不得不提出来，实在抱歉。笛卡尔（Descartes）发明解析几何的目的无非是给平面上的点 X 命名，据此我们可以对其进行区分和识别。命名必须以一种系统的方式来进行，因为平面上的点是无穷的；而且点不像人，它们都是完全一样的，所以以系统的方式来命名就更有必要了，因此我们只能通过标记的方式来区分它们。我们使用的名称正好是数偶（x_1，x_2）。

除了交换定律之外，向量的加法——事实上任何变换的复合——都满足结合律：

（$a+b$）$+c=a+$（$b+c$）

向量 a，b，…与实数 λ，μ，…的乘式满足以下定律：

λ（μa）$=$（$\lambda\mu$）a

以及以下两个分配律：

（$\lambda+\mu$）$a=$（λa）$+$（μa）

λ（$a+b$）$=$（λa）$+$（λb）

我们肯定会自问：从一个向量基（e_1，e_2）变换到另一个向量基（e'_1，e'_2），任意向量$\mathfrak{x}$的坐标（x_1，x_2）会发生怎样的改变？向量e'_1、e'_2可以用e_1、e_2来表示，反之亦然，即有：

$$e'_1 = a_{11}e_1 + a_{21}e_2, \quad e'_2 = a_{12}e_1 + a_{22}e_2 \tag{1}$$

以及

$$e_1 = a'_{11}e'_1 + a'_{21}e'_2, \quad e_2 = a'_{12}e'_1 + a'_{22}e'_2 \tag{1'}$$

用这两个向量基来表示任意向量$\mathfrak{x}$：

$$\mathfrak{x} = x_1e_1 + x_2e_2 = x'_1e'_1 + x'_2e'_2$$

如果将（1）式代入上式的e'_1、e'_2，将（1'）式代入上式的e_1、e_2，我们发现第一个向量基的坐标x_1、x_2通过下列两个互逆的"齐次线性变换（homogeneous linear transfor-mations）"与关于第二个向量基的坐标x'_1、x'_2关联起来，则有：

$$x_1 = a_{11}x'_1 + a_{12}x'_2, \quad x_2 = a_{21}x'_1 + a_{22}x'_2 \tag{2}$$

$$x'_1 = a'_{11}x_1 + a'_{12}x_2, \quad x'_2 = a'_{21}x_1 + a'_{22}x_2 \tag{2'}$$

坐标x随向量$\mathfrak{x}$的变化而变化；但是系数为：

$$\begin{pmatrix} a_{11}, & a_{12} \\ a_{21}, & a_{22} \end{pmatrix}, \quad \begin{pmatrix} a'_{11}, & a'_{12} \\ a'_{21}, & a'_{22} \end{pmatrix}$$

是常数。很容易看出，像（2）式这样的线性变换在以下情况存在逆变换：当且仅当其所谓的模数$a_{11}a_{22} - a_{12}a_{21}$不等于0。

只要仅运用目前为止引入的这些概念，即（1）向量加法$a+b$；（2）向量a与数λ的乘法；（3）由两点A、B确定向量$\overrightarrow{AB}$的运算，以及根据这三点定义的那些逻辑概念，那么我们所研究的就是仿射几何（affine geometry）。在仿射几何中，任意向量基e_1、e_2都与其他的向量基作用相同。向量$\mathfrak{x}$的长度$|\mathfrak{x}|$概念超出了仿射几何的范畴，属于度量几何（metric geometry）的基本概念。任意向量$\mathfrak{x}$的长度的平方都是其坐标x_1、x_2的一个二次型：

$$g_{11}x_1^2 + 2g_{12}x_1x_2 + g_{22}x_2^2 \qquad (3)$$

其中，g_{11}、g_{12}、g_{22}为常量系数。这是毕达哥拉斯定理（Pythagoras' theorem）的基本内容。度量基本形式（3）是正定的（positive-definite），即除了$x_1=x_2=0$之外，对于变量x_1、x_2的任何值，它的值都是正的。由于存在一些特殊的坐标系——笛卡尔（Cartesian）坐标系，所以这种二次型在这种坐标系中具有最简单的表达式$x_1^2+x_2^2$；它们由两个等长（等于1）且相互垂直的向量e_1、e_2组成。在度量几何中，所有的笛卡尔坐标系同样可以被采用。两个笛卡尔坐标系通过正交变换（orthogonal transformation）来进行转换，也就是通过齐次线性变换（2）或（2'），使二次型$x_1^2+x_2^2$保持不变，即$x_1^2+x_2^2=$

$x_1'^2 + x_2'^2$。

但稍微改动一下，也可以将这种变换解释为旋转的代数表达。如果围绕原点 O 旋转，笛卡尔向量基 e_1、e_2 就会变换为笛卡尔向量基 e_1'、e_2'，那么向量 $\mathfrak{x} = x_1 e_1 + x_2 e_2$ 就变换为 $\mathfrak{x}' = x_1 e_1' + x_2 e_2'$。如果我们全都使用原始向量基（$e_1$，$e_2$）作为参照坐标，将 x' 写成 $x_1' e_1 + x_2' e_2$，那么你会发现，坐标为 x_1、x_2 的向量会变换为坐标为 x_1'、x_2' 的向量，于是就有：

$$x_1 e_1' + x_2 e_2' = x_1' e_1 + x_2' e_2,$$

因此有：

$$x_1' = a_{11}x_1 + a_{12}x_2, \quad x_2' = a_{21}x_1 + a_{22}x_2 \tag{4}$$

［将公式（2）中的数偶（x_1'，x_2'）（x_1，x_2）互换］。

如果向量由点来代替，那么齐次线性变换将全部由非齐次线性变换来代替。设（x_1，x_2），（x_1'，x_2'）为任一点 X 在两个坐标系（O；e_1，e_2），（O'；e_1'，e_2'）中的坐标。那我们可以得出：

$$\overrightarrow{OX} = x_1 e_1 + x_2 e_2, \quad \overrightarrow{O'X} = x_1' e_1' + x_2' e_2',$$

又因 $\overrightarrow{OX} = \overrightarrow{OO'} + \overrightarrow{O'X}$，故有：

$$x_i = a_{i1}x_1' + a_{i2}x_2' + b_i \ (i=1, \ 2) \tag{5}$$

这里，我们设 $\overrightarrow{OO'} = b_1 \mathbf{e}_1 + b_2 \mathbf{e}_2$。非齐次变换与齐次变换的区别在于附加项 b_i。点（x_1，x_2）变换至（x'_1，x'_2）点映射，则有：

$$x'_i = a_{i1}x_1 + a_{i2}x_2 + b_i \ (i=1,\ 2) \tag{6}$$

可以将上述情况视为一组全等变换。如果给出向量相应映射的变换的齐次部分，则有：

$$x'_i = a_{i1}x_1 + a_{i2}x_2 \ (i=1,\ 2)$$

是正交的（当然，这里的坐标指的是同一固定坐标系的坐标）。在这种情况下，我们也能把非齐次变换称为正交。特别是向量（b_1，b_2）表示的平移，可通过下列变换来表达：

$$x'_1 = x_1 + b_1,\ x'_2 = x_2 + b_2$$

我们现在回到莱昂纳多的平面有限旋转群列表中来：

$$\begin{cases} C_1,\ C_2,\ C_3,\ \cdots \\ D_1,\ D_2,\ D_3,\ \cdots \end{cases} \tag{7}$$

任意一个 C_n 群的操作的代数表达式都不依赖于笛卡尔向量基的选取。但 D_n 群的情况则不同；因为要得到标准的代数表达式，所以我们在这里选取位于某一反射轴上的向量为第一基本向量 $\mathbf{e}_1$。根据笛卡尔坐标系，旋转群表示为正交变换群。对于它在任意两个这种由正交变换关联起来的坐标系中的表达式，我们称之为正交等价。因此，现在可以用代数语言将莱昂纳多的列表表述如下：他在表中列出了正交变换群，达到了（1）表中的任意两个群互不正交等价；（2）任意正交变换的有限群均正交等价于该列表中所出现的群。简而言之，他完整地列出了正交变换中互不正交等价的有限群。把一种简单的情况复杂化似乎没有必要；但是其优势很快就会表现出来。

装饰对称性涉及平面上全等映射的不连续群。如果这种群Δ包含平移，那么提出有限性的假设就不合理了，因为平移a（非恒等平移o）的迭代会产生无限多个平移na（$n=0$，±1，±2，…）。因此，我们用不连续性来代替有限性：它要求除了恒等平移本身之外，群中不存在任意接近该恒等平移的操作。换句话说，有一个正数ε，使得群中的数字

$$\begin{pmatrix} a_{11}-1, & a_{12} & , b_1 \\ a_{21} & , a_{22}-1, & b_2 \end{pmatrix}$$

介于$-\varepsilon$与$+\varepsilon$之间，且群中的任何变换（6）均为恒等变换（所有这些数字都为零）。群中包含的平移构成了一个不连续的平移群Δ。对于这样一个群，有三种可能性：（1）它只包含恒等平移，即零向量o；（2）该群中的所有平移都是一个基本平移$e \neq o$的迭代xe（$x=0$，±1，±2，…）；（3）这些平

121

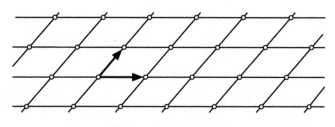

图3-11 平行四边形点阵

移（向量）构成一个二维点阵，即由两个线性无关向量e_1、e_2，系数为整数x_1、x_2的线性组合$x_1e_1+x_2e_2$所构成的点阵。第三种情况就是我们所关心的双重无限关联。这里的向量e_1、e_2构成了我们所说的点阵基。取一点O作为原点，在点阵中对O点进行所有平移操作后所得到的那些点构成了平行四边形点阵（图3-11）。

问题马上就出现了：对于一个给定的点阵，点阵基的选择在多大程度上是任意的？如果e'_1、e'_2是另一个这样的点阵基，那么我们必定会得出：

$$\mathbf{e}'_1 = a_{11}\mathbf{e}_1 + a_{21}\mathbf{e}_2, \quad \mathbf{e}'_2 = a_{12}\mathbf{e}_1 + a_{22}\mathbf{e}_2 \tag{1}$$

其中a_{ij}为整数。逆变换（l'）中的系数必须是整数，否则$\mathbf{e}'_1$、$\mathbf{e}'_2$无法构成点阵基。对于坐标，我们得到下列两个互逆的线性变换（2）与（2'），其系数为整数：

$$\begin{pmatrix} a_{11}, & a_{12} \\ a_{21}, & a_{22} \end{pmatrix} \text{与} \begin{pmatrix} a'_{11}, & a'_{12} \\ a'_{21}, & a'_{22} \end{pmatrix} \tag{2''}$$

对于一个系数为整数的齐次线性变换，如果具有相同类型的逆变换，那么数学家就将其称为幺模变换（unimodular）；不难看出，一个系数为整数的线性变换，当且仅当其模数$a_{11}a_{22} - a_{12}a_{21}$等于+1或−1时，才属于幺模变换。

要确定具有双重无限关联的所有可能的不连续全等群，我们的操作如下：选一点O作为原点，对O点进行平移操作后形成的点阵L表示为群Δ中的平移。群中的任何操作都可以被认为是由围绕O点的旋转加上平移构成的。第一部分的旋转操作将点阵变换为自身。此外，这些旋转部分构成了一个不连续的，有限的旋转群$\Gamma = \{\Delta\}$。按照晶体学上的术语可表述为：正是这个群决定了装饰的对称类型。Γ必然属于莱昂纳多列表（7）中的某一个群。

$$C_n, \quad D_n \ (n = 1, \ 2, \ 3, \ \cdots) \qquad\qquad (8)$$

只不过这个群的操作将点阵 L 变换为了自身。旋转群 Γ 和点阵 L 之间的这种关系使它们二者都受到了一定的限制。

就 Γ 来说，除了 $n=1$，2，3，4，6的群以外，它不对应表中其他任何 n 值的群。请注意，$n=5$ 属于不对应的值！因为在点阵中可以旋转180°，所以使其保持不变的最小旋转角度必须能整除180°，或者是以下形式：

360° 除以2，或4，或6，或8，或…

我们必须证明上述中包含了8和8以上的数字是不成立的。以 $n=8$ 为例，设 A 为所有 $\neq O$ 阵点中最接近 O 的点（图3-12）。然后将平面绕 O 点进行一次又一次的旋转，每次的旋转角度为周角的 $\frac{1}{8}$，这样以 A 为起点可以得到整个由阵点构成的八边形 $A = A_1$，A_2，A_3，$\cdots$，由于 $\overrightarrow{OA_1}$、$\overrightarrow{OA_2}$ 是点阵向量，那么它们的差，即向量 $\overrightarrow{A_1A_2}$ 也必然属于该点阵，或者由 $\overrightarrow{OB} = \overrightarrow{A_1A_2}$ 确定的点 B 也应该属于这个阵点。然而这就产生了一个矛盾，因为 B 比 $A=A_1$ 距 O 更近；实际上，正八边形的边 A_1A_2 小于半径 OA_1。因此，Γ 群只有以下10种可能性：

$$C_1, \ C_2, \ C_3, \ C_4, \ C_6; \ D_1, \ D_2, \ D_3, \ D_4, \ D_6 \qquad (9)$$

很容易看出，对于以上任何一个群，实际上都存在着在操作后

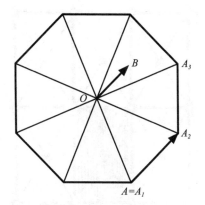

图3-12　点阵向量旋转构型

保持不变的点阵。

　　显然，对于C_1和C_2，任何点阵都存在这样的现象，因为任何点阵在恒等变换和旋转180°后都是不变的。但是我们来看看D_1，它由恒等变换和经由O点的轴l的反射组成。该群存在两种保持不变的点阵：矩形点阵和菱形点阵（图3-13）。矩

125

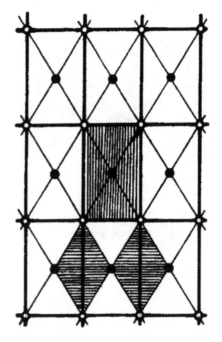

图3-13　矩形点阵和菱形点阵

形点阵是通过将平面分别沿平行和垂直于l的线分成相等的矩形而得到的，矩形的顶点就是阵点。点阵的自然基由左下顶点为O的基本矩形中以O为起点的两条边e_1、e_2构成。菱形点阵由平面被矩形点阵的对角线分成的相等菱形组成。点阵基由左上顶点为O的基本菱形的两条边构成，阵点为顶点O和矩形的中心点［通常是按照菱形点阵的方式来排列植树的，托马斯·布朗（Thomas Browne）将此称为梅花形五点植树法，把梅花形 ⁙ 作为它的基本结构，不过点阵实际上与数字5无关］。基本矩形或菱形的形状和大小是任意的。

在找到10个可能的旋转群 Γ 和在各旋转群的操作下保持不变的点阵L之后，必须将 Γ 与相应的L关联起来，才能获得完整的全等映射群。有进一步的研究表明，虽然 Γ 存在10种可能性，但对于完整的全等群 Δ，实际上却有17种本质不同的可能性。因此，对于一个具有双重无限关联的二维装饰来说，它存在17种本质不同的对称可能性。这17种对称群的例子完全可以在古代的装饰图案（尤其是古埃及的饰品）中找到。这些图案所反映的几何想象力和创造力的深度简直难以置信。它们的构造在数学上具有深远的意义。装饰艺术隐藏着人类知识领域中最古老的高等数学。可以肯定的是，在19世纪之前，还没有出现用完整抽象的概念来表述深层次的问题，即一个描述变换群的数学概念的方法；但是只有以变换群为基础，我们才能证明古埃及工匠们早已心领神会，并将这17种对称的可能性运用到了极致。奇怪的是，直到1924年，任教于斯坦福大学的数学家乔治·波利亚（George Pólya）才拿出了证据来证明。[1] 阿拉伯人在数字5上摸索了很久，但事实上，他们从来没能把一个五点中心对称图案嵌入到双重无限关联的装饰设计中。不过，他们尝试了各种似是而非的替代方案。他们倒算是用实践证明了，装饰物中是不可能存在五边形对称的。

除了式（9）所列的10个群之外，没有任何其他旋转群与不变点阵相关联，尽管这种说法表达得清楚分明，但是我们还需要对"最多只存在17种不同装饰群"这一论断作出一些解释。例如，如果 $\Gamma = C_1$，那么群 Δ 则仅由平移构成；但在这里任何点阵都是可能的，由点阵的两个基本向量所生成的基本平行四边形可以是任何形状、任何大小的，我们可以在无限多种可能性中进行选择。之所以得出数字17，是因为我们把所有

---

1 请参看波利亚的论文 *"Ueber die Analogie der Kristall-symmetrie in der Ebene"*, Zeitschr. f. Kristallographie 60, pp. 278–282.

可能性都看作一种情况；但凭什么这样做呢？这里我们需要用到解析几何。如果我们从仿射几何的角度来考虑我们的平面，它有两种结构：（i）度量结构，其中，每个向量$\mathfrak{x}$都有一个长度，其平方用向量坐标的正定二次型（3）来表示，这是度量基本型；（ii）点阵结构，因为装饰物使平面具有向量点阵。在通常的过程中，首先考虑度量结构，然后引入笛卡尔坐标系，根据该坐标系，使度量基本型具有唯一的正则化表达式$x_1^2 + x_2^2$，但仍有一个可变元素存在于不变点阵的连续流形的代数表示中。然而，与其仅使用笛卡尔坐标来使坐标度量化，不如先使用点阵结构，并选择e_1、e_2为点阵基来使坐标点阵化，于是，当用相应的坐标x_1、x_2来表示时，点阵就会以唯一确定的方式正则化。事实上，现在的点阵向量是坐标为整数的那些向量。一般来说，对于以下两种情况我们无法兼得：存在一坐标系，其中度量基本型具有正则化形式$x_1^2 + x_2^2$；点阵由所有以整数x_1、x_2为坐标的向量组成。我们现在就采取第二种做法，这在数学上更为有利。我认为这种分析非常重要，它奠定了所有形态学研究的基础。

我们再次以D_1为例进行讨论。如果不变点阵是矩形点阵，并且点阵基是以上述自然方式选取的，那么D_1由恒等变换和以下操作构成：

$$x'_1 = x_1, \ x'_2 = -x_2$$

此时，度量基本型可以是特殊类型$a_1x^2_1 + a_2x^2_2$的任何正定形式。如果不变点阵是菱形点阵，并且选取基本菱形的边作为点阵基，那么D_1就包含恒等变换和进一步的操作：

$$x'_1 = x_2, \ x'_2 = x_1$$

度量基本型可以是特殊$a\left(x^2_1 + x^2_2\right) + 2bx_1x_2$的任何正定形式。但我们现在得到的不是$D_1$而是两个系数为整数的线性变换群$D^a_1$、$D^b_1$，它们虽然是正交等价，但不再是幺模等价。其中一个群由具有以下系数矩阵的两个操作构成：

$$\begin{pmatrix} 1 & 0 \\ 0 & 1 \end{pmatrix}, \ \begin{pmatrix} 1 & 0 \\ 0 & -1 \end{pmatrix}$$

另一个群由具有以下系数矩阵的两个操作构成：

$$\begin{pmatrix} 1 & 0 \\ 0 & 1 \end{pmatrix}, \ \begin{pmatrix} 0 & 1 \\ 1 & 0 \end{pmatrix}$$

如果两个齐次线性变换群只是选取的点阵基不同，但都表示同一个操作群，也就是说，如果它们通过坐标的幺模变换相互转化，那么这两个齐次线性变换群就可以被看作是幺模等价。

在点阵化坐标系中，Γ的操作此时表现为系数a_{ij}为整数的齐次线性变换（4）；因为每一个操作都将点阵变换为其自身，所以当x_1、x_2取整数值时，x'_1、x'_2也取整数值。如果将幺模等价的线性变换群一致看作相互等同，那么就可以选取任意点阵基矢。Γ除了系数为整数之外，其变换还会使某个正定二次型（3）保持不变，但这真不是附加的限制。事实证明，对于任何具有实系数的线性变换有限群，人们都可以构造出在这些变换下保持不变的正定二次型。[1]那么，有多少个不同的（即幺模不等价的）且两个变量系数均为整数的线性变换有限群呢？是不是还是（9）式中的10个呢？不，实际上比这更多，因为我们以D_1为例时已经看到，它被分解成了两个不等价的群D^a_1、D^b_1。同理可推D_2和D_3，于是正好有13个系数为整数的、幺模不等价的线性变换有限群。从数学角度来看，相比（9）式中的10个具有不变点阵的旋转群，这一结果才真正地引人注目。

在最后一步中，我们必须引入平移操作，然后我们可以

---

1 这是马施克（H. Maschke）提出的基本理论。论证十分简单：取任意正定二次型，如$x_1^2 + x_2^2$，对它进行所有的群变换S操作，再将由此得到的二次型相加；最后得到的结果是一个不变的正定二次型。

得到17个仅包含以下平移的、幺模不等价的非齐次线性变换的非连续群：

$$x'_1 = x_1 + b_1, \quad x'_2 = x_2 + b_2$$

其中b_1、b_2为整数。最后这一步并不难，剩下需要说明的是在去除平移操作的情况下得到的13个齐次变换有限群Γ。

到目前为止，我们只考虑了平面的点阵结构。当然，我们不能一直忽略平面的度量结构。此处，我们需要考查群的连续性问题。对于13个群中的任意一个群Γ，都存在不变的正定二次型：

$$G(x) = g_{11}x_1^2 + 2g_{12}x_1x_2 + g_{22}x_2^2$$

这种形式由它的系数（g_{11}，g_{12}，g_{22}）表征，不止由Γ确定；例如，$G(x)$可以由任何以正实数为常数因子c的$cG(x)$代替。通过Γ的操作使保持不变的所有正定二次型$G(x)$构成了一个一维、二维或三维的简单连续凸"锥"。例如$D^a{}_1$和$D^b{}_1$，我们可以分别得到$a_1x_1^2 + a_2x_2^2$类型和$a(x_1^2 + x_2^2) + 2bx_1x_2$类型的所有正定的二维流形。度量基本型总是一种具有不变形式的流形。

在装饰群Δ的完整描述中，关于那些离散的特性与那些能够在连续流形上变化的特性，我们现在已经做出了明确的划分。如果该群使用点阵化的坐标来表示，就会表现出离散特性，并证明属于17个不同的群之一。这17个群中的每一个群，都对应一个由各种可能的度量基本型$G(x)$构成的连续体，并要从这个连续体中选出实际的度量基本型，使坐标系点阵化而非度量化的优势变得显而易见，因为此时可变基本型$G(x)$随着一个简单的凸连续流形变化。然而对于度量化的坐标系而言，表现为可变基本型的点阵L，如D_1所示，将由包括几个部分的连续体构成。我们只有先从去除平移操作的齐次群$\Gamma = \{\Delta\}$入手，然后再考虑完整的装饰群Δ，这种优势才会充分显现出来。在我看来，划分离散的特性和连续的特性似乎是所有形态学研究中的一个基本问题，而装饰和晶体的形态学则是将这二者明显区分开来的典范。

探讨完这些有点抽象的数学概念之后，我现在要向大家展示一些具有双重无限关联的表面装饰图。这些图案在墙纸、地毯、地砖、镶木地板、各种服装布料中十分常见，尤其是印花布等。你一睁开眼睛，就会惊奇地发现日常生活中充满了无数的对称图案。在几何装饰艺术方面，阿拉伯人算得上是最杰出的大师。源自阿拉伯的建筑物，例如格拉纳达（Granada）的阿尔汗布拉宫（Alhambra），墙上的灰泥装饰图案包罗万象，简直令人拍案叫绝。

要描述这种装饰图案，就得知道二维空间中全等映射的模样。一个真运动要么是平移，要么是围绕O点旋转。如果这样的旋转发生在我们的对称群中，并且所有围绕O点旋转的旋转角度均为$360°/n$的整数倍，那么我们称O点为重数为n的极点，或简称为n-重极点。我们知道，n除了取2、3、4、6之外，不能取其他任何值。一个非真全等要么是经一条直线l的反射，要么是在这一反射后再加上沿l的平移a。如果我们的群出现了非真全等，那么l在这两种情况下分别叫作轴和滑移轴。在后一种情况下，全等的迭代引起向量为$2a$的平移；因此，滑移向量a必然是群中一个点阵向量的一半。

图3-14是六边形点阵图，我们现在就以此为切入点展开讨论。这幅图具有非常丰富的对称性，其极点的重数分别为2、3和6，在图中分别用点、小三角形和六边形表示。连接两个6重极点的向量为点阵向量。图中的直线是轴。还有滑移轴，不过没有在图中展示出来；它们位于两条轴之间，并与轴平行。六边形类的可能对称群数为5个，可通过将简单图形6、6′、3′、3a或3b分别放于6重极点来获得。图案6和6′保留了这些极点的重数6，但是6′破坏了对称轴。图案3′、3a和3b将这

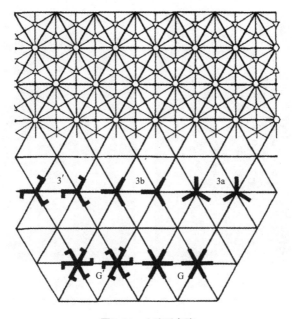

图3-14 六边形点阵

图3-15　公元14世纪开罗清真寺的一扇窗户（左）

图3-16　阿尔罕布拉宫内百合花大厅中的花砖图案（右）

些极点的重数减少至3；其中，3′图案没有对称轴，而在3a图案中，对称轴通过每个3重极点，在3b图案中，对称轴只通过那些6重极点（占总数的三分之一）。对应的奇次群分别为D_6、C_6、C_3、D^a_3、D^b_3，其中，D^a_3、D^b_3为D_3在点阵化坐标系中表现出来的两种幺模不等价形式。

下面来讨论一些起源于摩尔文化、埃及和中国的装饰图案。图3-15是公元14世纪开罗（Cairo）一座清真寺的一扇窗户，它属于六边形类D_6对称风格。其基本图形是一个三叶结，各个单元依靠工匠们高超的艺术手法相互交织在一起。三叶结几乎不中断地沿着水平面旋转0°、60°、120°，并延伸至整个图案；这些轨迹的中线是滑移轴。我们很容易就能看出哪些直线是普通轴。在格拉纳达的阿尔罕布拉宫中的百合花大厅（Sala de Camas）中，用来装饰壁龛背面上的花砖图案（图3-16）就没有这种轴。这个群是3′，还是6′，要看是否考虑了颜色的区别。在装饰艺术中一种更为精妙的手法是：由某个群 Δ 表示的几何图案的对称性，经过着色后会降级为由 Δ 的一个子群表示的更低级的对称性。图3-17为众所周知的铺砖路面图案，其对称性表现为正方形类D_4；有趣的是，在这种图案中，只有滑移轴，而没有普通轴通过4重极点（其中1

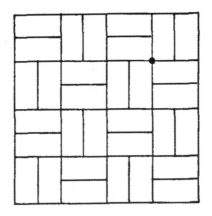

图3-17 铺砖路面图案

图3-18 埃及装饰图案

个极点已用黑点标记出来）。具有相同对称性的是图3-18所示的埃及装饰图案，以及图3-19所示的两幅摩尔装饰图案。欧文·琼斯（Owen Jones）所著的《装饰艺术》（*Grammar of ornaments*）是这方面的经典著作，本书中一些插图就是取自该书。丹尼尔·史茨·戴伊（Daniel Sheets Dye）所著的《中国窗格艺术》（*Grammar of Chinese lattice*）更是别具一格，它探讨了中国人用来支撑窗纸所使用的窗格工艺。图3-20和图3-21则正是引自该书，分别是两幅独具特色的图案，一幅为六边形类，另一幅为D_4类。

我希望我能详细分析一下这些装饰图案。但前提是要先对那17个装饰群作出精确的代数描述。这一讲更多的是在阐明隐藏在装饰（和晶体）形态背后的一般数学原理，而不是对单个装饰图案进行群论分析。由于篇幅的限制，我无法充分兼顾抽象和具体这两方面的内容。我在这一讲中努力对一些基本的数学概念作出了解释，也给大家展示了一些图片，并指出了连接这两者的桥梁，但却不能带领你们一步一步地跨越过去。

图3-19 摩尔装饰图案

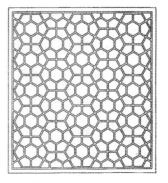

图3-20 丹尼尔·史茨·戴伊所著的
《中国窗格艺术》的内页插图（其一）（左）

图3-21 丹尼尔·史茨·戴伊所著的
《中国窗格艺术》的内页插图（其二）（右）

第四讲　晶体、对称性的一般数学概念

在上一讲中，我们探讨了二维问题，并完整地列出了以下问题的列表：（i）所有齐次正交变换的正交不等价有限群列表；（ii）所有具有不变点阵的类群列表；（iii）所有具有整数系数的齐次变换幺模不等价有限群列表；（iv）所有只包含坐标为整数的平移的非齐次线性变换幺模不等价不连续群列表。

莱昂纳多给出了问题（i）的列表为：

C_n, D_n ($n=1$, 2, 3, …)

将以上列表中的下标 n 限定为 $n=1$，2，3，4，6就能得出问题（ii）的列表。于是，这四个列表中的群数目 h_i、h_ii、h_iii、h_iv 分别为：

∞，10，13，17

最重要的无疑是问题（iii）的列表。已经有人对一维直线提出过这四个相同的问题，但还不曾有人对二维平面提出过。答案很简单，有人已经发现了数目 h_i、h_ii、h_iii、h_iv 均等于2。事实上，对于（i）、（ii）、（iii）中的任何一种情况，对应群要么仅包含恒等变换 $x'=x$，要么既包含恒等变换又包含反

射 $x'=-x$。

但是我们现在并不需要将其从二维降阶到一维，而是要从二维上升到三维。第二讲末尾列出了所有三维空间旋转的有限群，这里我们再回顾一遍：

列表A：

C_n, $\overline{C_n}$, $C_{2n}C_n$（$n=1$，2，3，…）

D_n', $\overline{D_n'}$, $D_{2n}'D_n'$, $D_n'C_n$（$n=2$，3，…）

T, W, P；$\overline{T}$, $\overline{W}$, $\overline{P}$；WT

如果要求群的操作使点阵保持不变，那么符合要求的就只有重数2、3、4、6的旋转轴。由于这一限制，我们的列表就简化为列表B：

C_1，C_2，C_3，C_4，C_6；$\overline{C_1}$，$\overline{C_2}$，$\overline{C_3}$，$\overline{C_4}$，$\overline{C_6}$；

D_2'，D_3'，D_4'，D_6'；$\overline{D_2'}$，$\overline{D_3'}$，$\overline{D_4'}$，$\overline{D_6'}$；

C_2C_1，C_4C_2，C_6C_3；$D_4'D_2'$，$D_6'D_3'$；

$D_2'C_2$，$D_3'C_3$，$D_4'C_4$，$D_6'C_6$；

T，W，$\overline{T}$，$\overline{W}$，WT

这一列表包含32个群。它们中的每个群都具有不变点阵，这是很好证明的。在三维空间中，数目h_{i}、h_{ii}、h_{iii}、h_{iv}的

值分别为：

∞，32，70，230

如果运用代数模型来解决这四个问题的话，可以推及任意m个变量x_1，x_2，…，x_m，而不仅仅只限制在二维或三维空间内，并且已经有人证明了相应的有限性定理。这些方法在数学领域具有极大的意义。高斯（Gauss）创立的二次型算术理论在整个19世纪的数论中起着举足轻重的作用，而"度量加点阵"的组合正是这一理论的基础。狄利克雷（Dirichlet）、埃尔米特（Hermite）以及最近的闵可夫斯基（Minkowski）和西格尔（Siegel）都在这一研究领域中作出了贡献。这些理论家所取得的研究成果，以及所谓的代数或超复数系统更精细的算术理论，为我们研究m维空间中的装饰对称性提供了理论基础。关于超复数系统的研究，上一代的代数学家，特别是迪克森（L. Dickson）做出了巨大的努力。

我们用来装饰表面的都是平面装饰。立体装饰从来不用于艺术，但在自然界中却随处可见。晶体原子的排列就是立体装饰图案。表面为平面的晶体的几何形状是一种引人注目的自然现象。然而，晶体真正的物理对称性与其说是由它的外观表现出来的，不如说更多是由晶体物质的内部物理结构表现出来的。假设这种物质填满了整个空间，旋转群 Γ 可以说明它的宏观对称性。只有当群 Γ 做旋转运动使其进行相互转换时，这种晶体在空间中的取向（从物理上来说）才是不可分辨的。例如，在晶体介质中，光通常以不同的速度沿不同的方向传播，但群 Γ 在旋转时晶体相互转换而产生了任意两个方向，光均以相同的速度传播。所有其他的物理性质同理。对于各向同性介质，群 Γ 由所有旋转组成，但对于晶体而言，它仅由有限个旋转组成，有时甚至只包含恒等变换。在晶体学史的早期，有理指数定律是人们根据晶体的平面表面的排列推导出来的。因此，有人提出了晶体具有点阵状原子结构的假说。这一假说解释了有理指数定律，这一定律现已经由劳厄（Laue）的干涉图样明确证实，该图样实质上就是晶体的X光照片。

更准确地说，该假说指出，使晶体中的原子排列保持不变的全等变换不连续群 Δ 最多包含三个线性无关的平移。顺便说一下，我们还可以把这个假说简化为更简单的条件。通过 Δ 的操作彼此互换的原子可以被称为等价原子。等价原子形成了一个规则的点集，也就是说，点集在 Δ 中的任意一个操作下均变换为自身，并且对于点集中的任意两点来说，Δ 中总有一个操作能使这两点实现互换。关于原子的排列，我指的是它们的平衡位置；事实上，原子总是围绕着其平衡位置进行振动。或许我们应该从量子力学的角度出发，用原子的平均分布密度来代替它们的精确位置。这个空间中的密度函数不会因 Δ 中的操作而发生改变。那些构成 Δ 的全等变换的旋转群 $\Gamma = \{\Delta\}$ 使得点阵 L 保持不变，其中，L 是指原点 O 在 Δ 中的平移作用下所产生的点阵。列表 B 所列举的关于 Γ 的32种可能性，分别与晶体中现存的32种对称类别相对应。如上所述，对于群 Δ 本身，存在着230种不同的可能性。[1] $\Gamma = \{\Delta\}$ 是从宏观角度描述了我们肉眼可以看见的空间和物理对称性，而 Δ 的定义则是从微观角度定义了隐藏在其背后的原子对称性。可能大家都知道冯·劳厄能够成功实现晶体摄像的决定因素是什么。只有当物体的细节尺寸远大于光的波长时，该物体才能在这种光的作用下非常精确地成像，反之，如果细节尺寸更小，所成的像就会很模糊。普通光的波长是原子间距的1000倍左右。然而，X射线的波长恰好是理想的 10^{-8}cm量级。由此劳厄的解释可谓一

---

1 参看尼格利（P. Niggli）所著的《几何晶体学中的不连续群》（*Geometrische Kristallographie des Diskontinuum*，Berlin，1920.）。

石二鸟：一方面，他证实了晶体的点阵结构；另一方面，他证明了X射线是由短波光组成的，这一发现在当时（1912年）还只是一个初步的假设。即便如此，劳厄的照片所展示的原子图样并不是一般的照片。如果你观察一个只有几个波长宽的狭缝，就可以得到由该狭缝的一个干涉条纹组成的，稍微扭曲的图样。同样地，这些劳厄照片就是原子点阵的干涉图样。然而，根据这些照片，人们可以计算出原子的实际排列，其比例取决于照射的X射线的波长。以下两张照片是闪锌矿的劳厄图（图4-1和图4-2），均引自劳厄的原创论文（1912年）；照片所选取的拍摄角度分别呈现了阶数3和4的绕轴对称性。在演讲中，我可以展示原子实际排列的各种三维（放大）模型，但在本书中，一张这种模型的照片（图4-3）就足够了：它代表了一小部分化学成分为TiO_2的锐钛矿晶体；浅色球代表钛原子（Ti），深色球代表氧原子（O）。

尽管图像会出现扭曲，因此而破坏X射线照片的精确度，但它却真实地展现了晶体的对称性。这是一个特例，一般的原理如下：如果结果的唯一决定条件具有某些对称性，那么该结果将表现出相同的对称性。因此阿基米德曾先验地推论：当等臂天平在两端的重量相等时就能保持平衡。诚然，整个结构相

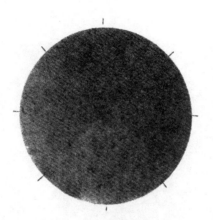

图4-1 劳厄闪锌矿的照片（其一）

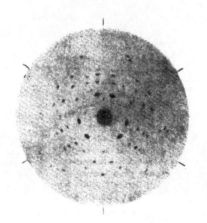

图4-2 劳厄闪锌矿的照片（其二）

图4-3　锐钛矿晶体内原子排列的三维放大模型

对于天平的正中面是对称的，因此，两端不可能出现一高一低的情况。同理，我们可以肯定的是，在掷骰子时，由于骰子是正立方体，所以每一面均有 $\frac{1}{6}$ 的概率被掷中。因此，我们有时能够根据对称性对特殊情况作出先验的预测，而对于一般情况，例如非等臂天平的平衡定律，我们则只能凭借经验，或者通过以实验为本的物理原理来加以解决。据我所知，在物理学中所有的先验论述，究其本源，皆与对称性相关。

以上从认识论的角度探讨了对称性，除此以外，我再补充一点。我们现在对晶体形态学定律的理解是建立在原子动力学基础之上的：如果相同的原子相互施加作用力，使得整个原子系统（atomic ensemble）达到一种有限的平衡状态，那么处于平衡状态的原子必然会自动排列成一个规则的点系。原子在既定的外部条件下的度量分布方式由构成晶体的原子的性质决定，对于这种分布方式，纯粹的形态学研究总结出230种对称群Δ，但仍存有一个可能的连续范围尚未考查。晶体点阵的动力学还对晶体的物理行为产生影响，尤其是晶体的生长方式，这又转而决定了晶体在环境因素的影响下所呈现的特殊形态。难怪在自然界中实际存在的晶体会表现出各种各样的对称形式，多到连站在魔山上的汉斯·卡斯特普都叹为观止[1]。物体的可见特征通常是其组成成分和环境共同作用的结果。水分子具有明确的化学成分，而水呈固态、液态还是气态取决于温度，而温度就是环境因素。晶体学、化学和遗传学方面的例子不禁使人猜想，生物学家所描述的"基因型和表征型"或"先天和后天"的这种二元性，在某种程度上，与离散和连续的区别密切相关；我们已经看到，晶体的特征是如何以一种极具说服力的方式分离成离散和连续这两种形式的。而我也不会否认，这个普遍的问题需要进一步从认识论的角度来加以阐明。

关于装饰和晶体的几何对称性，我们的讨论到此为止。最后一讲的主要目的是为了说明对称性原理在更基本的物理和数学问题中的作用，根据这些问题及前文所述的对称性的应用，对该原理进行最终的概括论述。

关于相对性理论与对称性的关系，我们在第一讲中已经简单解释过了：在研究空间中几何形状的对称性之前，我们必须从相同的角度来考察空间本身的结构。真空空间具有高度的

---

1 此处的"魔山"是指诺贝尔文学奖获得者托马斯·曼的代表作《魔山》中的高山肺病疗养院。——译者注

对称性：每个点都彼此相同，以某一点为起点的若干方向之间没有内在的区别。我在前面提到过，莱布尼茨从哲学的角度对相似性的几何概念作出了解释：相似的两个事物，如果各自独立地来考查，彼此是不可分辨的。因此，当我们考查同一平面上的两个正方形之间的关系时，可能会发现许多不同之处；例如，一个正方形的边相对于另一个正方形的边可能会倾斜34°。但是，如果从各自独立来看，任何关于其中一个正方形的客观陈述也同样适用于另一个；从这个意义上来说，它们是不可分辨的，因此它们是相似的。我将用"垂直（vertical）"一词的含义来说明客观陈述必须满足什么要求。与伊壁鸠鲁（Epicurus）相反，我们现代人并不认为"一条直线是垂直的"的说法是一种客观陈述，因为我们认为这一陈述只是另一种更完整陈述的简略说法，即"该直线的方向为某一点P的重力方向"。因此，命题中就出现了重力场这个条件因素，此外，还出现了一个单独呈现的点P，当我们在表达诸如"我""这里""现在""这个"等指示词时就会把手指放在P点。因此，当人们意识到我所生活的地方的重力方向不同于斯大林生活的地方的重力方向，并且重力方向会随物质的重新分配而发生改变，伊壁鸠鲁的信念便随之崩塌了。

这里只对客观性作一些简要的讨论，并不进行更彻底的分析。具体来说，就几何而言，我们已经按照亥姆霍兹的方式，用全等的客观关系来描述空间中的基本客观关系。在第二讲的开头我们谈到了全等变换群，它是构成所有相似变换群的一个子群。在继续讨论之前，我想进一步阐明这两个群之间的关系，因为长度的相对性是一个棘手的问题。

　　在一般的几何学中，长度是相对的：一座建筑与其比例缩小的模型是相似的；增缩包含于自同构。但是物理学已经揭示，绝对标准长度构成了原子结构，或者更确切地说，构成了基本粒子（特别是具有确定电荷和质量的电子）结构的一部分。该原子标准长度可以通过原子发出的光谱线波长用于实际测量。因此，与保存在巴黎国际度量衡局保管库中的铱米原器的传统标准相比，从自然本身推导出的绝对标准要精确得多。我认为必须这样来描述真实的情况：相对于一个完整的参照系，不仅是空间中的点，更是所有的物理量都可以用数字来确定。假设存在两个参照系，其中自然界中所有普遍的几何和物理定律都具有相同的代数表达式，那么这两个参照系即为等效的。这种等效参照系之间的变换就构成了物理自同构群，而自然定律不因这个群的变换而变换。事实上，该群的变换是由其所相关的空间点的坐标部分来唯一确定的。因此，我们可以称之为空间的物理自同构。由空间的物理自同构所构成的群不包括增缩，因为原子定律确定了绝对长度，但它包含反射，因为没有任何自然定律表明左和右之间存在内在差异，所以，物理自同构群是由所有真全等和非真全等映射所构成的群。只要空间中的两种构型通过该群的变换而相互转化，我们就可以认为这两种构型是全等的，而互为镜像的物体也是全等的。我认为，用这种全等的定义来代替基于刚体运动的那种全等的定义是有必要的，其原因类似于物理学家用温度的热力学定义来代替普通温度计的定义。一旦确立了物理自同构群等价于全等映射群之后，人们就可以把几何学定义为研究空间图形之间全等关系的科学，那么几何自同构指的就是那些把任意两个全等图形变换成全等图形的空间变换——这种几何自同构群比物理自同构群的范围更广，并且包含了增缩，对此我们不必像康德那样震惊。

以上所讨论的各个方面存在一处不妥：它们忽略了物理事件不只是发生在空间里，同时也发生在时空里；世界不是三维连续体，而是以四维连续体展开的。首位正确描述出这种四维介质的对称性、相对性或齐次性的科学家是爱因斯坦。我们的疑问是："两个事件发生在同一个位置"这一说法是否具有客观意义？我们倾向于认为这一说法具有客观意义；但很明显，如果倾向于认为有，我们就把位置理解为相对于我们的生存空间——地球的位置了。而地球一定是静止的吗？就连小学生都会在学校里学到地球会自转，并在太空中运动。为了解答这个问题，牛顿写了一部专著《自然哲学的数学原理》（*Philosophiae Naturalis Principia Mathematica*），正如他在专著中所说的，要从物体的差异（即可观察到的相对运动），以及作用在物体上的力来推导出物体的绝对运动。但是，尽管他坚信绝对空间，即坚信"两个事件发生在同一个位置"这一说法的客观性，但他也未能客观地将一个质点的静止状态与所有其他可能的运动区分开来，而只是将匀速直线运动（也就是所谓的一致平移），与所有其他运动客观地区分开来。同样，"两个事件同时发生（但发生在不同的位置，比如一个在地球，另一个在天狼星上）"这一说法是否具有客观意义呢？人们一直认为有，直到爱因斯坦提出反对意见。这一信念的根源在于，人们习惯于认为事件发生在它被观察到的那一刻。但是很久以前，奥拉夫·雷默（Olaf Roemer）的发现就推翻了这一信念的根源，他发现光不是瞬时传播，而是以有限的速度传播。

于是人们开始意识到，在四维时空的连续体中，只有两个世界点的重合，"此时此地"或者其紧邻，才具有可直接验证的意义。但是，如果把这种四维连续体分成同时性三维层，并将一维纤维空间静止点的世界线交叉纤维化，是否还能描述出世界结构的客观特征呢？这令人怀疑。爱因斯坦做了如下工作：他兼收并蓄地将所有关于四维时空连续体真实结构的物理证据都收集起来，并由此推导出了其真正的自同构群。这个群以荷兰物理学家洛伦兹（Lorentz）的名字来命名，叫作洛伦兹群。作为爱因斯坦的"施洗者约翰"，洛伦兹为相对论奠定了基础。根据这个群，人们最终发现既不存在同时不变层，也不存在静止不变纤维。光锥是接收到从已知世界点 O（即"此时此地"），发出光信号的所有世界点的集合，它把世界分为未来和过去，即我在 O 点的行为中，仍能对世界产生影响的部分与产生不了影响的部分。这意味着没有任何速度比光传播得更快，并且，世界具有一个客观的因果结构，这一结构由各个世界点 O 发出的光锥来描述。此处我们省略洛伦兹变换表达式，亦不概述狭义相对论及其固定的因果和惯性结构是如何被广义相对论所取代的（在广义相对论中，这些结构因与物质相互作用而发生改变）。[1]我只想指出，相对论所研究的是时空的四维连续体的内在对称性。

我们发现，客观性就是指相对于自同构群的不变性。真正的自同构群到底是怎样的？可能并不总能从现实中找到明确的答案，而出于某些研究的目的，采用一个范围更广的群来代替自同构群可能更有利。例如，在平面几何中，我们可能只会关注那些在平行投影或中心投影下始终保持不变的关系。仿射几何和投影几何正是起源于此。数学家将提出"如何找出一个既定变换群的不变因素（不变关系、不变量等）"等一般问题，并解决更重要的特殊群（由自然决定的某些领域的已知或未知的自同构群）中所出现的这类问题，来为所有这些可能面临的情况做准备。这就是菲利克斯·克莱因（Felix Klein）所说的具有抽象意义的"几何"。克莱因认为，几何学是由变换群定义的，它研究的是在这个既定群的变换下保持不变的一切。

关于对称，人们谈论的是整个群的某个子群 γ，而我们则需要

---

1 可参考我最近在由德意志自然研究者协会（Gesellschaft Deutscher Naturforscher）举办的慕尼黑会议上所作的演讲《相对论50年》（50 *Jahre Relativitatstheorie*），刊载于《自然科学》［（*Die Naturwissenschaften*, 1951（38），pp.73-83］。

特别注意有限子群。一个图形，即一个任意点集，如果在子群γ的变换下保持不变，那么很显然，它就具有由子群γ定义的那种特殊对称性。

20世纪，物理学上的两大事件分别是相对论和量子力学的提出与发展。量子力学是否也与对称性存在着某种联系呢？答案是肯定的。对称性在对原子光谱和分子光谱的排序方面发挥了重要的作用，而量子物理学原理是理解这一点的突破口。在量子物理学获得首次成功之前，人们已经收集了关于光谱线与其波长以及它们的排列规律的大量实验材料。这一成功在于推导出了氢原子光谱中所谓的巴耳末线系（Balmer series）定律，并表明了该定律中的特征常量与电子的电荷、质量以及著名的普朗克（Planck）常量 h 之间的关系。从此以后，量子物理学的发展中总少不了对光谱的解释。按照这种方式，人们还发现了关键的新特征，电子自旋和奇怪的泡利不相容原理。事实证明，一旦奠定好这些基础，对称性非常有助于解释光谱的一般特性。

原子近似于一群电子，比如说围绕一个固定在 O 点的原子核运动的 n 个电子。我说的是近似，因为"原子核是固定的"这一假设并不完全正确，甚至比把太阳当作行星系统的固定中心这一说法还要欠妥。因为太阳的质量是地球的300 000倍，而质子（存在于氢原子的原子核）的质量却不及电子的2 000倍。即便如此，这个近似也是可取的！我们将n个电子分别标记为1，2，$\cdots$，n以示区分；在支配这些电子运动的定律中，我们研究的是它们在以O为原点的笛卡尔坐标系中的坐标位置P_1，P_2，$\cdots$，P_n。普遍的对称性包含两个方面：一方面，当两个笛卡尔坐标系在相互转换时必须保持不变；这种对称性来自于空间的旋转对称，并用围绕O点的几何旋转群来表示。另一方面，所有的电子都是相同的，标号（1，2，$\cdots$，n）并不表示本质上的区别，只是为了区分名称。由电子的任意置换而相互转换的两个电子群是不可分辨的。置换包括标号的重新排列；这实际上是一组标号（1，2，$\cdots$，n）变换为其自身的一一对应的映射，或者你也可以看成是相应的点集（P_1，P_2，$\cdots$，P_n）变换为自身的一一对应的映射。因此，例如在n为5的情况下，如果点P_1，P_2，P_3，P_4，P_5被P_3，P_5，P_2，P_1，P_4取代，即（置换1→3，2→5，3→2，4→1，5→4），那么这些定律必须成立。这些置换构成了一个阶数为$n!$（$n! = 1 \times 2 \times \cdots \times n$）的群，用来表示第二种对称性。在量子力学中，物理系统的状态是由多维（实际上是无限多维）空间中的向量来表示的。在电子系统的虚拟旋转或置换下相互转换的两种状态，通过将该旋转或该置换相关的线性变换关联起来。因此，可以通过线性变换来表示一个群的理论，这一群论中最深刻和最系统的部分，在这里便发挥了作用。这是一个很深奥的问题，我得打住了，更细的就不多说了。但这也再次证明了，对称性为研究一个丰富多样的重要领域提供了思路。

我们讨论了艺术、生物学、结晶学还有物理学，最后终于轮到数学了，我肯定会强调更多，因为某些基本概念（**尤其是群的基本概念**）就是从它们在数学中，特别是在代数方程理论中的应用发展而来的。代数学家研究的是数字，但他唯一能做的运算只有四种：加（＋）、减（－）、乘（×）、除（÷）。从0到1开始，通过这四种运算而得到的数字是有理数。由这些数字构成的数域F相对于这四种运算是封闭的，也就是两个有理数的和、差和积仍是有理数；如果除数不等于零，它们的商也是有理数。因此，如果数学家们不是迫于几何学和物理学的需求，而不得不去分析连续性，并把有理数嵌入到所有实数的连续统（continuum）中，那么代数学家就只能局限于对数域F的研究。首次出现这种必要性是在希腊人发现正方形的对角线和边长不可通约之时。不久之后，欧多克索斯（Eudoxus）制定了一般原则，并在此基础上构建了一个适用于所有测量的实数系统。在文艺复兴时期，为了求解代数方程式，引入了含实分量（a，b）的复数$a + bi$。当人们认识到复数只是普通的实数对（a，b），即用来定义加法和乘法，以保留所有熟知的算术定律的实数对时，复数及其虚数单位$i = \sqrt{-1}$身上最初所弥漫的那股神秘感突然就烟消云散了。实际上，这可以用如下方式来实现，即任何实数a都等于复数（a，0），并且$i =$（0，1）的平方$i \times i = i^2 = -1$，或者更直接地表达成（−1，0）。于是，x的无任何实数解的方程式$x^2 + 1 = 0$会变得有解。19世纪初，引入复数不仅可以使这个方程式变得有解，而且已证明所有的代数方程式都可以变得有解。方程式为：

$$f（x）= x^n + a_1 x^{n-1} + a_2 x^{n-2} + \cdots + a_{n-1} x + a_n = 0 \qquad （1）$$

对于未知数x，不管它的次方数n和它的系数a_v是多少，总有n个解，或者我们习惯说有n个"根"（θ_1，θ_2，$\cdots$，θ_n），于是多项式$f(x)$可以由此分解成n个因子的乘积：

$$f(x) = (x - \theta_1)(x - \theta_2) \cdots (x - \theta_n)$$

该式中的x是一个变量或未定数，这个方程式也可以理解为：等号两边的两个多项式的系数对应相等。

代数学家用加法和乘法运算所构造的两个未定数x、y之间的这种关系总是可以被写成R（x，y）=0的形式，其中两个变量x、y的函数R（x，y）是一个多项式，即以下形式的单项式的有限和：

$a_{\mu,\nu}x^{\mu}y^{\nu}$（$\mu$，$\nu$=0，1，2，…）

其中，$a_{\mu,\nu}$为有理系数。代数学家认为这类关系是可解的"客观关系"。因此，如果已知两个复数α、β，那么代数学家会就此问道：存在哪些具有有理系数的多项式R（x，y）？当用α代替未定数x，β代替y时，其值归零。以一两个复数为基础，可以推演至任意数量的已知复数θ_1，θ_2，…，θ_n。代数学家将找寻这一数集$\sum$的自同构，即不会破坏复数θ_1，θ_2，…，θ_n之间的代数关系R（θ_1，θ_2，…，θ_n）的那些置换。此处的R（x_1，x_2，…，x_n）是n个未定数x_1，x_2，…，x_n的系数为有理数的任意多项式，当用θ_1，θ_2，…，θ_n代替x_1，x_2，…，x_n时，多项式等于零。这些自同构构成了一个伽罗瓦群（Galois group），这是以法国数学家埃瓦里斯特·伽罗瓦（Evariste Galois）的名字来命名的。如上所述，伽罗瓦的理论只不过是针对数集$\sum$所提出的相对性理论，由于集具有离散性和有限性，所以它在概念上比普通相对性理论所要考查的空间或时空中的无限点集要简单得多。如果特意将数集 $\sum$ 中的元素 θ_1，θ_2，$\cdots$，θ_n假定为系数 α_v 为有理数的 n 次代数方程式（1）中 $f(x)=0$ 的 n 个根，那么我们的研究便完全局限于代数范围以内。这个群的确定可能会相当困难，因为要求考查所有满足某些条件的多项式，所以一旦确定了这个群的结构就可以让我们了解更多有关方程求解的常规步骤的信息。几十年来，伽罗瓦的思想一直被视为"带有七印的启示录"[1]，而且到后来他的思想对整个数学的发展产生了越发深远的影响。他在去世前夕写给友人的一封告别信中记录了这些思想，翌日，他便因参加了一场愚蠢的决斗而结束了自己的生命，时年21岁。如果从这封信所蕴含的思想的新奇性和深刻性来看，它也许是整个人类文献中最为重要的手稿。以下列举两个关于伽罗瓦理论的例子。

第一个是取自古代的例子，确定正方形的对角线与边长之比的是系数为有理数的二次方程式：

$$x^2 - 2 = 0 \tag{2}$$

---

1 七印（seven seals）为《圣经·新约·启示录》中关于末世的封印，如果其被揭开则暗示末世降临。

该式的两个根分别是 $\theta_1 = \sqrt{2}$ 与 $\theta_2 = -\theta_1 = -\sqrt{2}$，即有：

$$x^2 - 2 = (x - \sqrt{2})(x + \sqrt{2})$$

正如我刚才所提到的，它们是无理数。毕达哥拉斯（Pythagoras）学派的这一发现给古代思想家留下了深刻的印象，这在柏拉图的《对话录》中的许多文段中得到了印证。正是由于这一深刻的洞见，古希腊人不得不用几何语言而非代数语言来表述一般的数量学说。设 $R(x_1, x_2)$ 是一个系数为有理数的多项式，当 $x_1 = \theta_1$，$x_2 = \theta_2$ 时，其值为零。那么 $R(x_1, x_2)$ 是否也等于零呢？如果我们能证明结果对于每个 R 都是肯定的，那么对换可得出：

$$\theta_1 \rightarrow \theta_2, \quad \theta_2 \rightarrow \theta_1 \tag{3}$$

就是一种自同构，也是一个恒等变换 $\theta_1 \rightarrow \theta_1$，$\theta_2 \rightarrow \theta_2$。验证如下：由单个未定数 x 所构成的多项式 $R(x, -x)$，当 $x_1 = \theta_1$ 时，其值为零。将其除以 $x^2 - 2$，可得出：

$$R(x, -x) = (x^2 - 2) \cdot Q(x) + (ax + b)$$

得到一次余式 $ax + b$，其中系数 a，b 为有理数。用 θ_1 代替 x 得到方程式：$a\theta_1 + b = 0$，与 θ_1 是无理数数值这一结论相矛盾，除非 $a = 0$，$b = 0$。因此有：

$$R(x, -x) = (x^2 - 2) \cdot Q(x)$$

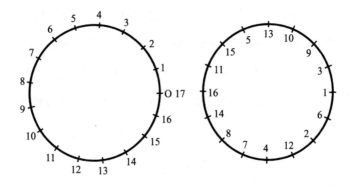

图4-4 十七边形尺规

于是$R(\theta_2,\theta_1)=R(\theta_2,-\theta_2)=0$。因此，自同构群不仅包含恒等变换，还包含对换（3）式这一事实，等价于$\sqrt{2}$为无理数。

第二个例子是高斯在19岁时发明的正十七边形尺规作图法。那时，他还没决定到底是从事古典文献学还是从事数学；而这一成功成为了他最终选择数学的原因。在平面中，任意复数$z=x+yi$用实笛卡尔坐标（x，y）的点来表示。代数方程式为：

$$z^p - 1 = 0$$

上式有p个根，这些根构成了正p边形的顶点。$z=1$是一个顶点；由于

$$(z^p - 1) = (z - 1) \cdot (z^{p-1} + z^{p-2} + \cdots + z + 1)$$

因此，其他的顶点方程为：

$$z^{p-1} + \cdots + z + 1 = 0 \qquad\qquad (4)$$

如果现在设p为素数，那么在代数上$p-1$个根就是不可分辨的，它们的自同构群就是一个阶数为$p-1$的循环群。当$p=17$时，我们来看看会发生怎样的情况。图4–4左侧的17点盘面标记了17个顶点，右侧的16点盘面以奇妙的循环排列方式展示了（4）式中的16个根：拨动这个盘面，也就是使其重复旋转，每次旋转角度为整个圆周的$\frac{1}{16}$，在16个根之间发生置换后可以得到16个自同构，由此得到的群C_{16}显然有一个指数为2的子群C_8；可以分别以全角的$\frac{1}{8}$，$\frac{2}{8}$，$\frac{3}{8}$，$\cdots$的角度转动盘面来获得C_8。如果重复跳过间隔点，我们会发现一条连续的子群链（$\supset$表示"包含"）：

$$C_{16} \supset C_8 \supset C_4 \supset C_2 \supset C_1$$

该链以完全群C_{16}为首，以仅由恒等变换构成的群C_1为尾。在该链中，每个群都是指数为2的子群，且包含于前一个群。据此，方程式（4）的根则可以通过一条由4个连续的二次方程所构成的链来进行求解。次数为2的方程式即为二次方程式，可以通过提取平方根的方法来求解，这种方法苏美尔人早已经知道了。因此，除了加法、减法、乘法和除法的有理运算之外，要解决我们的问题还需要连续提取四次平方根。然而，这四种有理运算和提取平方根正是几何上用尺子和圆规进行的代数运算。这就是为什么正三角形、正五边形和正十七边形（即$p=3$，5，17）可以用尺子和圆规来作图的原因；因为在任意一种情况下，自同构群都是一个阶数$p-1$为2的幂的循环群：

$$3 = 2^1+1,\ 5=2^2+1,\ 17=2^4+1。$$

因此，我们发现了一个有趣的现象：虽然描述正十七边形的（外显）几何对称性是一个阶数为17的循环群，但其（内隐）代数对称性决定了其是否可以用尺规作图法来画出，事实上却是由一个阶数为16的循环群来描述的。可以肯定的是，用尺规作图法既画不出正七边形，也画不出正十一边形和正十三边形。

根据高斯的分析，只有当p为素数，使得$p-1$为2的幂，即$p-1=2^n$时，才可以用尺规作出正p边形。然而，只有当指数n为2的幂时，$p=2^n+1$才可能为素数。假设2^v是2的正合幂，是n的整除数，那么$n=2^v \cdot m$，其中m是奇数。使$2^{2^v}=a$，那么$2^n+1=a^m+1$。但是当m为奇数时，a^m+1可以被$a+1$整除，则有：

$$a^m+1 = (a+1)(a^{m-1}-a^{m-2}+\cdots-a+1)$$

因此，这就是一个以$a+1$为因数的合数，而$m=1$的情况除外。因此，除3、5和17之外，下一个形式为2^n+1的素数是$2^8+1=257$。这的确是一个素数，因此可以用尺规作出二百五十七边形。

伽罗瓦理论的表达形式稍微有些不同，我将通过方程式（4）来说明。我们把所有形式为$\alpha=a+b\sqrt{2}$的数（a、b为有理数）都考虑在内；这些数就被称为数域$\{\sqrt{2}\}$中的数。因为$\sqrt{2}$为无理数，所以仅当$a=0$且$b=0$时，该数才等于零。因此，能唯一确定有理数a、b的只有α，因为若$a+b\sqrt{2}=a_1+b_1\sqrt{2}$，则有：

$$(a-a_1)+(b-b_1)\sqrt{2}=0;$$

$$a-a_1=0, \quad b-b_1=0$$

或者$a=a_1$，$b=b_1$，只不过a、b、a_1、b_1须均为有理数。很明显，这个数域中的两个数无论是相加、相减还是相乘，其所得之数仍然包含于这个数域中。两个数相除所得之数也不会超出这个数域。使 $\alpha = a + b\sqrt{2}$ 为该数域中非零的数，其中 a、b 为有理数，并使 $\alpha' = a - b\sqrt{2}$ 为 α 的"共轭数"。因为2不是有理数的平方数，所以 α 所谓的范数，即有理数 $\alpha\alpha' = a^2 - 2b^2$ 不为零，那么我们以下所得到的 α 的倒数为：

$$\frac{1}{a} = \frac{\alpha'}{a\alpha'} = \frac{a - b\sqrt{2}}{a^2 - 2b^2}$$

也包含于该数域。因此，相对于加法、减法、乘法和除法（当然，除数不能为零）这四种运算，数域 $\{\sqrt{2}\}$ 是封闭的。我们现在可以寻找这个数域的自同构。这个自同构应该是该域所包含的数的一个——对应的映射 $\alpha \rightarrow \alpha^{*}$，使得该域中的任意两个数字 α、β 的运算 $\alpha + \beta$ 和 $\alpha \cdot \beta$ 分别变换为 $\alpha^{*} + \beta^{*}$ 和 $\alpha^{*} \cdot \beta^{*}$。于是直接得出，自同构把任意一个有理数变换成其自身，把 $\sqrt{2}$ 变换成满足方程式 $\vartheta^2 - 2 = 0$ 的数 ϑ，也就是变换成 $\sqrt{2}$ 或 $-\sqrt{2}$。因此，只有两种可能的自同构，一种是把数域 $\{\sqrt{2}\}$ 中包含的每个数 α 变换为自身，另一种是把任何形式为 $\alpha = a + \sqrt{2}\,b$ 的数变换为其共轭数 $\alpha' = a - \sqrt{2}\,b$。很明显，第二种变换是一个自同构，我们由此便确定了数域 $\{\sqrt{2}\}$ 中所有自同构的群。

数域也许是我们所能发明的最简单的代数结构，它的组成元素是数字，其结构的特点是加法和乘法运算。这些运算满足某些公理，其中，使加法具有唯一逆运算的那些被称为减法，使乘法具有唯一逆运算（乘数只要不为零）的那些被称为除法。另一个被赋予结构实体的例子是空间。空间中的元素是点，其结构是根据各点之间的某些基本关系来建立的，例如：A、B、C位于同一条直线上，AB全等于CD，等等。我们从整个讨论中所得到的，并已确信成为现代数学指导原则的启示是：一旦要研究一个被赋予结构的实体$\sum$，就必须先确定它的自同构群，即那些使所有结构关系不受影响的元素之间的变换所构成的群。通过这种方式，我们有望对$\sum$的构造有一个深入的了解。之后，我们可以开始研究元素的对称构型，即在所有自同构群的某个子群的作用下仍然保持不变的构型；在寻找这类型之前，最好先研究一下这些子群本身，比如，使一个元素保持不变，或使两个不同元素保持不变的那些自同构的子群，进而再研究一下还存在哪些不连续子群或有限子群，等等。

在变换群的研究中，研究这类群纯粹的结构才是重点。实现这一点的方式是：给任意元素附上标号，然后用这些标号来表示任意两组元素s、t的复合$u=st$。如果这是个有限群，就可以把元素的复合制成表格，由此得到的群概型或抽象群本身就是一个结构实体，其结构由群中元素的复合定律或复合表格来表示，即$st=u$。我们在这儿绕了个大圈子又回到了原点，也许这已足够清楚地告诉我们了，所以不再作讨论。诚然，对于给定的抽象群，人们可能会问：它的自同构群是什么？使该群变换为自身，使st变换为$s't'$，并使任意元素s、t分别变换为s'、t'的一一对应的映射$s \to s'$又是什么？

对称是一个范围很广的话题，在艺术领域和自然界中意义重大。数学是对称的根源，很难再找出一门更好的学科，来发挥数学知识这样的作用。我向你们指出了对称的许多衍生类型，并从直观概念上升到抽象理论，希望这或多或少对你们有所帮助。

附录A 在三维空间中由真旋转构成的 所有有限群的确定

在18世纪，莱昂哈德·欧拉（Leonhard Euler）首次证明了在三维空间中的每一个非恒等变换I的真旋转都是绕轴旋转，也就是说，它不仅使原点O保持不变，而且使通过O点的某条直线（轴l）上的每一个点都保持不变。根据这一事实，可以简单证明第二讲中列表（5）的完整性。考查二维空间的单位球面$\sum$绕O点旋转就已经足够了，不需要再考查三维空间的情况。因为每个旋转都将$\sum$变换为自身，因此它们都是$\sum$变换为自身的、一一对应的映射。每个非I的真旋转在$\sum$上都有两个固定点，它们彼此互为对距点，也就是轴l穿过球面的点。

已知一个阶数为N的真旋转有限群Γ，我们来考查Γ中非I的$N-1$个操作的固定点，并将它们称为极点。每一个极点p都有一个确定的重数v（$v=2$，3，4，$\cdots$）。该群中使p保持不变的操作S由绕对应轴重复旋转$360°/v$的旋转构成，那么正好有v个这样的操作S。它们构成一个阶数为v的循环子群Γ_p。这些操作中的其中之一是恒等变换，因此使p保持不变的非I操作的数量就等于$v-1$。

对于球面上的任意点p，我们可以考虑p点在群操作下所转换成的那些q点的有限集合C；我们将这些点称为等价于p的点。因为Γ是一个群，所以这种等价性具有等式性质，也就是说，p点本身就是等价的；如果q点等价于p点，那么p点就等价于q点；如果q_1和q_2都等价于p，那么q_1和q_2就互为等价。我们将这一集合C称为一类等价点；该类中的任意一点都可以代表p点，因为该类仅包含p点以及与p点等价的所有点。当球面的点在所有真旋转群的作用下均不可分辨时，一个类的点在有限子群Γ的作用下则更不可分辨。

等价于p的点所构成的类C_p包含多少个点呢？我们自然会联想到答案：N个。但是，该答案正确的前提是：I是该群中使p保持不变的唯一操作。既然q_1，q_2的重合$q_1=q_2$意味着操作$S_1S_2^{-1}$将p点变换为自身，从而使$S_1S_2^{-1}=I$，$S_1=S_2$，那么Γ中的任何两个不同的操作S_1、S_2都会使p变换为两个不同的点$q_1=pS_1$，$q_2=pS_2$。但是现在假设p是一个重数为v的极点，使得该群中的v个操作将p点变换为自身。于是我们可以认为，构成类C_p的p点的数量为N/v。

证明：因为该类中的点即使在给定群Γ的作用下也是不可分辨的，所以每个点都必须具有相同的重数v。如果在Γ的操作中L将p点变换为q点，那么只要S将p点变换为p点自身，$L^{-1}SL$就会将q点变换为q点自身，反之亦然。如果T是Γ中任何一个将q点变换为自身的操作，那么$S=LTL^{-1}$就会将p点变换为p点自身，于是T则呈$L^{-1}SL$的形式，其中S是群Γ_p中的一个元素。因此，如果$S_1=I$，S_2，$\cdots$，S_v是使p点保持不变的v个元素，那么有：

$$T_1=L^{-1}S_1L, \quad T_2=L^{-1}S_2L, \quad \cdots, \quad T_v=L^{-1}S_vL$$

因此，则有使q保持不变的v个不同的操作。此外，v个不同的操作（S_1L，S_2L，$\cdots$，S_vL）将p点变换为q点，反之亦然。如果U是Γ中一个将p点变换为q点的操作，那么UL^{-1}就会将p点变换为p点自身，从而成为操作S中使p点保持不变的操作之一；故而$U=SL$，其中S是v个操作S_1，S_2，$\cdots$，S_v的其中之一。现在，令q_1，q_2，$\cdots$，q_n为类$C=C_p$的n个不同的点，令L_i为Γ中将p点变换为q_i（$i=1$，2，$\cdots$，n）的其中一个操作。则以下列表中的所有$n \cdot v$个操作都彼此不同：

$$S_1L_1, \quad S_2L_1, \quad \cdots, \quad S_vL_1$$

$S_1L_2,\ \ S_2L_2,\ \cdots,\ S_vL_2$

$\cdots$

$S_1L_n,\ \ S_2L_n,\ \cdots,\ S_vL_n$

事实上，每一行都是由不同的操作组成的。在所有操作中，比如第二行的所有操作必定不同于第五行的操作，因为第二行的操作将p点变换为q_2，而第五行的操作则将p点变换为$q_5 \neq q_2$。另外，群Γ中的每个操作都包含在表中，因为它们中的任何一个操作都会将p点变换为点q_1，q_2，$\cdots$，q_n的其中之一，比如变换成q_i，因此这一操作必须出现在上述表格的第i行。

这就证明了$N = n_v$这一关系式，从而证明了重数v是N的一个除数。我们用符号$v = v_p$来表示极点p的重数；我们知道，在给定的类C中，每一个极点p的重数都是相同的，因此，可以更明确地用v_C来表示v。类C中极点的重数v_C以及极点的数量n_C可由关系式$n_C v_C = N$来表示。

做完这些准备工作之后，现在我们来考查由群Γ中一个非I的操作S与经S操作后保持不变的点p所构成的所有点对$(S,\ p)$，或者说由任意极点p与Γ群中使p点保持不变的任意一个非I的操作S所构成的所有点对$(S,\ p)$。这两种描述可以用两种方法来列举这些点对：一方面，该群中总共有$N-1$个不同于I的操作S，在每个操作下都有两个保持不变的对跖点；因此，点对的数量等于$2(N-1)$。另一方面，对于每个极点p，该群中有v_p-1个不同于I的操作使p点保持不变，因此点对的数量等于所有极点p的总和：

$$\sum_p (v_p - 1)$$

我们把这些极点归类为由等价极点所构成的类C，从而得到以下基本方程式：

$$2(N-1) = \sum_c n_c (v_c - 1)$$

其中，方程式右边为包含极点的所有类C的求和。由于$n_c v_c = N$，所以上述方程式除以N则可以得到如下关系式：

$$2 - \frac{2}{N} = \sum_c C \left(1 - \frac{1}{v_c}\right)$$

有关这一方程式的讨论如下：

最简单的情况是群Γ只包含恒等变换；此时，$N=1$，且没有极点。

除了这种最简单的情况，我们还可以认为N至少等于2，那么方程式左边的值则大于等于1，但小于等于2。这一事实表明，右边的求和式不可能只包含一项。因此，至少包含2个类

C，当然不可能超过3个。因为当每个 v_C 的最小值为2时，如果右边的求和式是由4个或4个以上的项构成，那么其最小值也为2。所以，我们所得到的由等价极点构成的类要么有2个，要么有3个（分别为类 II 和类 III）。

类 II——在这种情况下，我们的方程式为：

$$\frac{2}{N} = \frac{1}{v_1} + \frac{1}{v_2} \ \text{或者} \ 2 = \frac{N}{v_1} + \frac{N}{v_2}$$

但是只有当2个正整数 $n_1 = \dfrac{N}{v_1}$ ， $n_2 = \dfrac{N}{v_2}$ 都等于1时，这2个数之和才等于2，因此有：

$$v_1 = v_2 = N, \ n_1 = n_2 = 1$$

因此，由等价极点构成的两个类均由重数为 v 的一个极点构成。这里我们发现了由围绕 N 阶（垂直）轴的旋转所构成的循环群。

类 III——在这种情况下，我们有：

$$\frac{1}{v_1} + \frac{1}{v_2} + \frac{1}{v_3} = 1 + \frac{2}{N}$$

将重数 v 按递增次序排列为 $v_1 \leqslant v_2 \leqslant v_3$。 v_1、 v_2、 v_3 这3个数字不可同时大于2；因为都大于2的话，等式左边会得出一个与等式右边相反的结果： $\leqslant \frac{1}{3} + \frac{1}{3} + \frac{1}{3} = 1$。因此 $v_1 = 2$。上式为：

$$\frac{1}{v_2} + \frac{1}{v_3} = \frac{1}{2} + \frac{2}{N}$$

v_2、v_3 不可同时大于等于4，否则等式左边的总和将小于

等于 $\frac{1}{2}$。因此 $v_2 = 2$ 或 3。

（1）第一种情况 III_1：$v_1 = v_2 = 2$，则有 $N = 2v_3$。

（2）第二种情况 III_2：$v_1 = 2$，$v_2 = 3$，则有 $\frac{1}{v_3} = \frac{1}{6} + \frac{2}{N}$。

设 III_1 情况下的 $v_3 = n$。我们可以得到由重数为2的极点所构

成的两个类，每个类均包含 n 个极点，以及两个由重数为 n 的极

点构成的类。很容易看出，有且仅有二面体群 D'_n 能满足这些

条件。

对于第二种情况 III_2，鉴于 $v_3 \geqslant v_2 = 3$，我们可以得出以下三

种可能情形：

$v_3 = 3$，$N = 12$；$v_3 = 4$，$N = 24$；$v_3 = 5$，$N = 60$，

我们分别用 T、W、P 来表示：

T：有两类，每类包含4个三重极点。很明显，其中一类

的极点必须形成一个正四面体，而另一类的极点则是它们的对

跖点。于是我们便得到了四面体群。这6个等价的双重极点是

O 点在六条边的中点所构成的球面上的投影。

W：一个由6个四重极点所构成的类，这些极点构成了正

八面体的顶点；由此得到了八面体群。一个由8个三重极点

（对应于正八面体各个面的中点）所构成的类；一个由12个双重极点（对应于正八面体各条边的中点）所构成的类。

P：一个由12个五重极点所构成的类，这些极点构成了正二十面体的顶点。20个三重极点对应于正二十面体20个面的中点，30个双重极点对应于正二十面体30条边的中点。

附录B 非真旋转的计入

如果在三维空间中旋转的有限群 Γ *包含非真旋转，那么设 A 为其中一个非真旋转，S_1，S_2，$\cdots$，S_n 为 Γ *中的真旋转。后者构成了一个子群 Γ ，而 Γ *则包含一行真旋转和一行非真旋转：

$$S_1, \ S_2, \ \cdots, \ S_n \tag{1}$$

$$AS_1, \ AS_2, \ \cdots, \ AS_n \tag{2}$$

其他操作不包含其中。如果 T 为 Γ *中的一个非真旋转，那么 $A^{-1}T$ 则为真旋转，于是就会与第一行中的某个操作相同，如 S_i，则有 $T = AS_i$。因此，Γ *的阶数为 $2n$，它的一半操作是构成群 Γ 的真旋转，而另一半则是非真旋转。

我们现在根据 Γ *中是否包含非真旋转 Z 来区分以下两种情况：

在第一种情况下，我们取 Z 作为 A，从而得到 Γ *= Γ 。

在第二种情况下，我们也可以将第二行写成 以下形式：

$$ZT_1, \ ZT_2, \ \cdots, \ ZT_n \tag{2'}$$

其中 T_i 为真旋转。但是在这种情况下，所有的 T_i 都不同于所有的S_i。事实上，如果$T_i = S_k$，那么Γ^*将包含$ZT_i = ZS_{kn}$和S_k，以及元素$(ZS_k)S^{-1}=Z$，这就与假设相矛盾了。在这种情况下，有以下操作：

$$S_1, S_2, \cdots, S_n ; \tag{3}$$

$$T_1, T_2, \cdots, T_n$$

构成了一个由$2n$阶真旋转构成的群Γ'，其中Γ属于一个指数为2的子群。事实上，很容易证明，（3）式中的两行操作构成了一个等同于（1）式中的操作和（2'）式中的操作所构成的一个群（即群Γ^*）。因此，Γ^*就是正文中由$\Gamma'\Gamma$所表示的群，并且我们已经由此证明，这里提到的两种方法是构造包含非真旋转的有限群的唯一可行的方法。

致　谢

　　我要特别感谢普林斯顿大学（Princeton University）马昆德图书馆（Marquand Library）的海伦·哈里斯（Helen Harris）女士，她帮我找到了许多适合本书引用的艺术作品照片。我也要感谢那些慷慨允许我引用其出版物中插图的出版商。这些出版物如下：

　　图1-10，1-11，2-8. Alinari photographs.

　　图1-15. Anderson photograph.

　　图3-20，3-21. Dye, Daniel Sheets, *A grammar of Chinese lattice*, Figs. C9b, SI 2a. Harvard-Yenching Institute Monograph V. Cambridge，1937.

　　图4-1, 4-2, 4-3. Ewald, P.P., *Kristalle und Röntgenstrahlen*, Figs. 44, 45, 125. Springer, Berlin, 1923.

　　图2-18，2-19. Haeckel, Ernst, *Kunstformen der Natury*, Pls. 10, 28. Leipzig und Wien, 1899.

　　图2-27. Haeckel, Ernst, Challenger monograph. *Report on the scientific results of the voyage of H.M.S. Challenger*, Vol. XVIII, Pl. 117. H.M.S.O., 1887.

图3-7. Hudnut Sales Co., Inc., advertisement in Vogue, February , 1951.

图2-5, 2-6, 2-13. Jones, Owen, *The grammar of ornament.*, Pls. XVI, XVII, VI. Bernard Quaritch, London, 1868.

图2-28. Kepler, Johannes, *Mysterium Cosmographicum.* Tübingen, 1596.

图3-1. Photograph by I. Kitrosser. Realités, ler no., Paris, 1950.

图2-14. Kuhnel, Ernst, *Maurische Kunst*, Pl. 104. Bruno Cassirer Verlag, Berlin, 1924.

图1-16, 1-18. Ludwig, W., *Rechts-links- Problem im Tierreich und beim Menschen*, Figs. 81, 120*a*. Springer, Berlin, 1932.

图1-17. Needham, Joseph, *Order and life*, Fig. 5. Yale University Press, New Haven, 1936.

图2-17. New York Botanical Garden, photograph of Iris rosiflora.

图2-11. Pfuhl, Ernst, *Malerei und Zeichnung der Griechen*; Ⅲ. Band, Verzeichnisse und Abbildungcn, Pl.I（Fig.10）.F. Bruckmann, Munich, 1923.

图3-15, 3-18. Speiser, A., *Theorie der Gruppen von endlicher Ordnung*, 3. Aufl., Figs. 40, 39. Springer, Berlin,

1924.

图1-3, 1-4, 1-6, 1-7, 1-9, 2-7, 2-12. Swindler, Mary H., *Ancient paintings*, Figs. 91, （p.45）, 127, 192, 408, 125, 253.Yale University Press, New Haven, 1929.

图2-22, 2-23, 2-24, 3-3, 3-4, 3-5, 3-8, 3-9. *Thompson, D'Arcy W., On growth and form*, Figs. 368, 418, 448, 156, 189, 181, 322, 213. New edition, Cambridge University Press, Cambridge and New York, 1948.

图3-6. Reprinted from *Vogue Pattern Book*, Condé Nast Publications, 1951.

图2-9, 2-10, 2-21. Troll, Wilhelm, "*Symmetrie-betrachtung in der Biologie,* " *Sludium Generate*, 2. Jahrgang, Heft 4/5, Figs. （19&20）, 1, 15. Berlin–Göttingen– Heidélberg, Juli, 1949.

图2-20. U.S. Weather Bureau photograph by W. A. Bentley.

图2-4, 3-11, 3-12, 3-13, 3-14, 3-17. Weyl, Hermann, "*Symmetry,* " *Journal of the Washington Academy of Sciences*, Vol.28, No.6, June 15, 1938. Figs. 2, 5, 6, 7, 8, 9.

图1-8, 1-12. Wulff, O., *Altchristliche und byzantinische Kunst*; Ⅱ, *Die byzantinische Kunst*, Figs.523, 514. Akademische Verlagsgesellschaft Athenaion, Berlin, 1914.